QUILO DE CIENCIA
VOLUMEN X
(2017)

JORGE LABORDA

QUILO DE CIENCIA
VOLUMEN X
(2017)

Artículos de divulgación científica lo más informativos comprensibles y divertidos que un soñador pudo crear

TÍTULO:
Quilo de Ciencia Volumen X (2017)

AUTOR:
Jorge Laborda

© Jorge Laborda Fernández, 2017

EDICIÓN Y COORDINACIÓN:
Jorge Laborda

MAQUETACIÓN:
Jorge Laborda

PORTADA:
Jorge Laborda

IMPRESIÓN:
Lulu

ISBN: 978-0-244-95365-2

Para Rosa

ÍNDICE

APRENDIZAJE DEFENSIVO

*La capacidad de aprender y recordar depende no solo de las neuronas,
sino también de las células del sistema inmune*

LOS AVANCES DE la ciencia son tan rápidos y numerosos que ni estando atento a los mismos uno puede darse cuenta de todos. Por esta razón, de vez en cuando, uno se topa con conocimientos que, aunque ya viejos de algunos años, pueden resultarle novedosos, al mismo tiempo que interesantes. Es el caso de la participación del sistema inmune en el funcionamiento de la mente, al menos de las mentes de ratones y ratas de laboratorio.

Como probablemente sabemos, los ratones pueden aprender a orientarse en laberintos de distintos tipos, entre los que se encuentran los laberintos de agua de Morris. Son estos unos recipientes de paredes altas, semiplenos de agua en los que los ratones o ratas son obligados a nadar hasta encontrar una plataforma oculta sumergida en la que encaramarse para evitar ahogarse. Tras varias repeticiones de esta tarea, los animales son capaces de dirigirse inmediatamente nadando a la plataforma oculta en cuanto son introducidos en el recipiente.

Pues bien, aprendo ahora que la capacidad de aprender y recordar no solo depende de las neuronas, sino también de las células del sistema inmune. Ratones entrenados a los que se les ha eliminado los linfocitos T olvidan la localización de la plataforma y nadan al azar en el recipiente como si fuera la primera vez que lo hicieran. Recordemos que los linfocitos T son el pilar fundamental de las defensas llamadas adaptativas (es decir, las que se adaptan a las características de microorganismos concretos para erradicarlos de manera más eficaz), en contraposición a las defensas innatas (que atacan a numerosos microorganismos de manera general).

Estudios posteriores a estos han descubierto que la necesidad de los linfocitos T para el correcto aprendizaje y recuerdo depende de la producción por parte de estas células de una molécula particular, llamada interleucina-4 (IL-4). Las interleucinas, como su nombre sugiere, son moléculas de comunicación entre las diferentes células del sistema inmune. La IL-4 es una molécula de comunicación entre los linfocitos T y los linfocitos B, fundamental en el desarrollo de las alergias. Sin duda, en el sistema nervioso esta molécula debe de desempeñar otra función no relacionada con la anterior. De hecho, se cree que esta molécula afecta a los macrófagos localizados en el cerebro y los calma. Los macrófagos, células grandes "comedoras de bacterias", si se activan demasiado, causan inflamación descontrolada que puede dañar al tejido nervioso. Por ejemplo, tras el entrenamiento en el laberinto de agua, las células T de las meninges producen más IL-4. Esta molécula serviría de señal a los macrófagos para no activarse en modo ataque, lo que podría suceder en respuesta al estrés causado por el aprendizaje. En ausencia de IL-4, la actividad de los macrófagos y de las sustancias que producen podría dañar al proceso de aprendizaje

Datos contradictorios

Otros estudios parecen confirmar que ciertas células del sistema inmune forman parte del sistema nervioso y participan en las tareas cognitivas que este debe llevar a cabo, además de en el equilibrio de su fisiología. Es bien conocida la presencia en el sistema nervioso de las células llamadas microglía, células relacionadas con los macrófagos, las cuales patrullan incansablemente el sistema nervioso en busca de restos muertos, de placas, de sinapsis inútiles o de neuronas dañadas para eliminarlas. Aún otras células inmunes, como los linfocitos T mencionados, los macrófagos y los mastocitos, se localizan en las meninges, el fluido cerebro espinal y ciertas estructuras del cerebro.

¿Qué funciones desempeñan estas células inmunes en el sistema nervioso? Los datos acumulados hasta ahora no permiten alcanzar conclusiones claras. Algunos experimentos apuntan a que los macrófagos participan en la reparación de daño y curación de heridas provocadas por traumatismos. Otros experimentos, sin embargo, apuntan precisamente a lo contrario, ya que de acuerdo con ellos la eliminación de los macrófagos del sistema nervioso se asocia a una mejor recuperación de traumatismos de la médula espinal de ratas y ratones de laboratorio.

La razón de estas contradicciones tal vez resida en que los macrófagos pueden ejercer diversas funciones. Una de ellas supone su activación en modo ataque para destruir a potenciales enemigos. Otra función, en cambio, supone su activación para, paradójicamente, frenar ese ataque de manera que no se descontrole y nos produzca un excesivo "daño colateral", daño que va siempre asociado a la acción del sistema inmune cuando se enfrenta a enemigos externos.

Además de los macrófagos, las células T también parecen ejercer un papel importante, ya que como hemos visto, en su ausencia se generan problemas de aprendizaje y memoria. Existen también varias clases de linfocitos T, por lo que pudiera suceder que solo una o unas pocas ejercieran un papel sobre el mantenimiento del sistema nervioso. Entre las más importantes se encuentran los linfocitos T reguladores que, como su nombre indica, se encargan de regular la actividad de otros linfocitos T de forma que esta se confine dentro de niveles aceptables que, de nuevo, minimicen el daño a nuestros propios tejidos. Algunos estudios indican que la correcta actividad de los linfocitos T del sistema nervioso protegería del desarrollo de la enfermedad de Alzheimer.

Finalmente, otras investigaciones muestran que ciertas moléculas producidas por los linfocitos T afectarían al crecimiento de las neuronas. Todos estos estudios indican que, sea como sea, no cabe ya duda de que nuestro sistema nervioso no es independiente de nuestro sistema inmune y que para aprender, recordar y probablemente razonar correctamente no solo necesitamos buenas neuronas, sino también buenas defensas.

Referencia: Amanda B. Keener (2016). Immune System Maintains Brain Health. The Scientist. November 2016 Issue. https://www.the-scientist.com/?articles.view/articleNo/47289/title/Immune-System-Maintains-Brain-Health/

1 de enero de 2017

NECROLÓGICAS CIENTÍFICAS 2016

Mucha menor es la importancia otorgada por los medios de comunicación a la muerte de científicos

EL AÑO 2016 se ha despedido con la muerte de dos figuras importantes del mundo del espectáculo: el popular cantante George Michael y la actriz Carrie Fisher, más conocida como la Princesa Leia de la saga *Star Wars*. Sus muertes se unen a las de otras importantes personalidades del mundo de la música, como David Bowie, muerto el 10 de enero, Prince, desaparecido el 21 de abril, y Leonard Cohen, el 7 de noviembre. En la mayoría de estos casos, los medios de comunicación sitúan estas noticias en lugares prominentes –incluso en la portada– y dedican también extensos reportajes sobre sus vidas y sus creaciones. La importancia otorgada por la sociedad a estos personajes es muy elevada. No es para menos, porque logran emocionarnos.

Mucha menor es la importancia otorgada por los medios de comunicación a la muerte de científicos, y debo decir que también a las noticias de ciencia. Por ejemplo, no recuerdo que cuando murió, en noviembre de 2013, los medios de comunicación dedicaran tan extensos reportajes a la vida y obra de Frederick Sanger como los dedicados a las muertes de los artistas mencionados. ¿Qué quién era Frederick Sanger? La única persona que quedaba viva poseedora de dos premios Nobel, los dos de Química. El primero, otorgado en 1958, lo mereció por su invención de un método para averiguar la secuencia de aminoácidos de una proteína. El segundo, otorgado en 1980, lo ganó por la invención de un método, que hoy lleva su nombre, con el propósito de obtener la secuencia de nucleótidos del ADN, método que resultó fundamental para conseguir la primera secuencia del genoma humano.

El año 2016 se ha ido dejándonos también las tristes desapariciones de importantes científicos, de los que poco o nada se ha hablado en los medios de comunicación. Como homenaje a todos ellos, por sus contribuciones al progreso y bienestar de la Humanidad, que considero muy superiores a las de cualquier figura del espectáculo, dedico este artículo a su memoria. ¿Qué científicos importantes nos han dejado en 2016?

HASTA SIEMPRE

Comencemos por mencionar a una mujer: la astrónoma Vera Rubin, quien murió el pasado día de Navidad a los 88 años de edad. Sus pioneros estudios sobre la velocidad de rotación de las galaxias, confirmados más adelante por otros astrónomos, fueron fundamentales para postular la existencia de la materia oscura, uno de los misterios más importantes de la astronomía y astrofísica actuales.

Otro importante científico que nos ha dejado en 2016 es Ahmed Zewail, nacido en Egipto en 1946, y ganador del premio Nobel de Química en 1999 por su desarrollo de un método para capturar imágenes de movimientos moleculares en la escala del femtosegundo. Para hacerse una idea de ese minúsculo tiempo, basta considerar que un segundo contiene mil billones de femtosegundos. Los instrumentos y métodos que el Dr. Zewail desarrolló han sido capaces de analizar la Naturaleza de formas nuevas y permitir importantes avances tanto en física como en biología.

El Dr. Roger Tsien es otro de los premios Nobel desaparecidos el pasado año. El profesor Tsien obtuvo el premio Nobel de Química en 2008 por sus contribuciones al desarrollo de la proteína verde fluorescente como herramienta molecular para determinar el funcionamiento de los genes. Su trabajo ayudó a aumentar enormemente nuestro conocimiento sobre la biología celular y molecular.

La Dra. Susan Lindquist también nos dejó en 2016. Esta importante bióloga molecular contribuyó de manera crucial al conocimiento de las llamadas proteínas de choque térmico, que pueden protegernos de los efectos de una elevada fiebre. La Dra. Lindquist descubrió que estas proteínas son fundamentales para conseguir el correcto plegamiento tridimensional de otras muchas proteínas, el cual se ve comprometido si la temperatura es elevada. La Dra. Lindquist estudió también el funcionamiento de los priones, las proteínas infecciosas causantes de la enfermedad de las vacas locas.

Para terminar, quisiera mencionar a dos personas muertas el pasado año que han ayudado a salvar muchas vidas. La primera es el cirujano Henri Heimlich, nacido en 1920. El Dr. Heimlich inventó una maniobra que permite expulsar comida u objetos que hayamos podido tragar mal y que nos estén atragantando, amenazando con asfixiarnos. Esta maniobra, que lleva su nombre, se basa en presionar fuertemente hacia arriba, con ambos antebrazos, la base del diafragma del afectado para hacer salir con fuerza el aire de los pulmones, de manera que extraiga lo que nos asfixia. Se calcula que, hasta la fecha, la aplicación de esta maniobra ha ayudado a salvar más de cien mil vidas. La segunda y última figura del mundo de la ciencia es el Dr. Donald Henderson, nacido en 1928. El Dr. Henderson fue quien dirigió el programa internacional de erradicación de la viruela en el mundo. Antes de la puesta en marcha de este programa, la viruela causaba más de dos millones de muertes anuales. Su contribución ha ayudado, por tanto, a salvar decenas de millones de vidas

Evidentemente, los anteriores no son todos los científicos y científicas que nos han dejado en 2016. Muchos otros, menos prominentes, pero cuyos granos de arena han contribuido también a hacer crecer la hermosa y pública playa de la ciencia y del progreso, también lo han hecho. Aunque no hay espacio aquí para mencionarlos a todos, vaya también para ellos nuestro profundo agradecimiento.

Siempre es hermoso y justo rendir homenaje a quienes han dedicado sus vidas a hacer las de los demás más agradables y llevaderas. Sin duda, esta categoría incluye a cantantes, escritores, actores, cineastas, pero también, y de manera muy prominente, incluye a los científicos de cualquier nacionalidad y origen. El conocimiento que ayudan a incrementar, al igual que la música, la literatura y el arte, es también patrimonio de toda la Humanidad.

Referencia: Bob Grant. Those We Lost in 2016. The Scientist: http://www.the-scientist.com/?articles.view/articleNo/47807/title/Those-We-Lost-in-2016/
https://jorlab.blogspot.com.es/2000/06/las-mil-y-una-bases-del-adn.html

8 de enero de 2017

DANZA DEL VIENTRE BACTERIANA

Estas oscilaciones génicas afectan al metabolismo celular, que no es el mismo en todos los momentos del día

LA BIOLOGÍA Y genética moleculares han demostrado fehacientemente que la naturaleza y la función de cada una de las células de nuestro cuerpo depende de los genes que tienen funcionando. Hoy, nadie informado discute que, aunque una neurona y una célula del hígado poseen el mismo genoma, son células muy distintas debido a que tienen un diferente conjunto de genes funcionando. La "personalidad" de cada célula, y la función que desempeña, dependen, por consiguiente, de qué genes se han puesto en funcionamiento a lo largo de su desarrollo desde la célula inicial de la que deriva todo el organismo.

Siendo esto así, otros estudios han demostrado que la "personalidad" de una misma clase de células no se mantiene constante a lo largo del día. Sí, como lo lee. Una neurona o una célula de la piel no es la misma célula por la mañana y por la noche, porque en ambos momentos del día no tiene el mismo conjunto de genes funcionando. Resulta que muchos genes se ponen en marcha o se apagan en distintos momentos del día, siguiendo los conocidos ritmos circadianos.

Los ritmos circadianos ajustan los procesos fisiológicos en distintos momentos del día y están a su vez bajo el control de la actividad de ciertos genes que generan mecanismos osciladores. Estos mecanismos determinan el funcionamiento oscilante de los genes de manera particular a cada célula. En otras palabras, no oscilan los mismos genes en un linfocito que en una célula muscular.

Estas oscilaciones génicas afectan al metabolismo celular, que tampoco es el mismo en todos los momentos del día. Igualmente, el propio metabolismo afecta al mecanismo oscilador que controla el funcionamiento de los genes. De esta forma, se establece una comunicación de ida y vuelta entre el estado metabólico y los genes que están funcionado a lo largo del día, de modo que las células se encuentran, en general, en óptimas condiciones metabólicas en cada momento.

La vida de una célula no depende solo de sí misma, sino también del entorno en el que se encuentra, el cual incluye a sus células vecinas y a cualquier otro organismo con el que pueda interaccionar, así como a la disponibilidad de nutrientes. Hace unos años, se descubrió que las células de nuestro cuerpo no son las únicas que siguen ritmos circadianos. Las bacterias de la flora intestinal también están sometidas a estos ritmos.

En este caso, los ritmos conducen a fluctuaciones en la composición de las especies bacterianas de la flora, así como a su función. Las fluctuaciones están influidas por los momentos en los que disponen de alimentos, es decir, el horario de nuestra propia alimentación, que es también la suya, así como por la composición de dicha alimentación (proteínas, azúcares, fibra, etc.).

Un reloj bacteriano

Estudios posteriores demostraron que los ritmos circadianos de las bacterias de la flora intestinal afectan a los ritmos circadianos de los diferentes órganos. Además, fallos en el control y la adecuada interacción entre los ritmos circadianos de la flora intestinal y del organismo que la hospeda puede conducir a la obesidad o al síndrome metabólico, una condición en la que se puede generar diabetes de tipo 2 y enfermedad cardiovascular. A pesar de estos impresionantes descubrimientos, que aumentan la importancia de la flora para nuestra salud, los mecanismos por los que los ritmos circadianos de la flora y del organismo hospedador se coordinan eran desconocidos.

Investigadores del Instituto Weizmann, en Israel, realizan ahora un estudio en el que exploran en profundidad qué cambios tienen lugar en la flora intestinal a lo largo del día y qué factores son los más importantes en los mismos. Estos estudios nos revelan una vez más hechos sorprendentes. En primer lugar, los investigadores descubren que las bacterias cambian de posición de manera cíclica lo largo del día sobre la superficie del intestino, como si realizaran un baile sobre dicha superficie, baile que repiten todos los días con sus noches. De esta manera, las células de la superficie de nuestros intestinos no están expuestas a las mismas especies de bacterias a lo largo de todo el día, sino a diferentes especies en diferentes momentos. Por otra parte, el estado metabólico de las bacterias también fluctúa a lo largo del día, lo que conduce a que las células del intestino estén expuestas a diferentes sustancias derivadas del metabolismo bacteriano a medida que el día progresa.

En segundo lugar, los estudios revelan que estas fluctuaciones bacterianas no solo afectan al funcionamiento de genes de las células intestinales a lo largo del día, sino también al funcionamiento de genes de otros órganos que no se encuentran en contacto directo con la flora intestinal. En particular, los cambios afectan al funcionamiento de los genes del hígado. Este funcionamiento cambia de manera sincronizada con los cambios que se producen en el comportamiento de la flora intestinal. Si la sincronización no se produce adecuadamente, se ve afectado el funcionamiento de los genes de los que depende la función depuradora del hígado, lo que puede, por ejemplo, influir en la eliminación de algunas sustancias tóxicas ingeridas con la alimentación, o en el metabolismo de ciertos fármacos, proceso en el que el hígado, en general, desempeña un papel importante.

Por último, los investigadores revelan que los ritmos circadianos del organismo son muy dependientes de los ritmos circadianos de la flora intestinal. Cuando estos ritmos son impedidos, por ejemplo, mediante tratamiento con antibióticos, los ritmos circadianos normales del organismo son destruidos. Esto conduce a una reprogramación masiva del funcionamiento de muchos genes a lo largo del día, salvo unas pocas excepciones que dependen de manera autónoma del control de los genes circadianos del hospedador.

En conclusión, estos nuevos descubrimientos revelan que la interacción entre la flora intestinal y las células de nuestro organismo es capital para mantener unos correctos ritmos circadianos en el funcionamiento de los genes, lo que afecta a la fisiología y el metabolismo en cada momento del día. Por ello, la flora intestinal afecta más a nuestro bienestar de lo que se pensaba hasta ahora.

Referencia: Christoph A. Thaiss et al. (2016). Microbiota Diurnal Rhythmicity Programs Host Transcriptome Oscillations. Cell (2016) http://dx.doi.org/10.1016/j.cell.2016.11.003

15 de enero de 2017

EL CEREBRO EVALUADOR

Los mecanismos por los que el cerebro aprende a predecir lo que puede suceder han sido objeto de intensa investigación durante décadas

EL CEREBRO HUMANO, y también el de muchos otros animales, es la sede de capacidades extraordinarias que han surgido a lo largo de la evolución en la dura pelea por la supervivencia. Una de estas capacidades es la habilidad para predecir lo que con mayor o menor probabilidad puede suceder en el futuro, atribuir un valor mayor o menor a ese suceso, y tomar las decisiones más adecuadas ante la eventualidad de que el aún futuro suceso se materialice en la realidad o no.

Los mecanismos por los que el cerebro aprende a predecir lo que puede suceder han sido objeto de intensa investigación durante décadas. La idea más plausible que se barajó inicialmente era que el cerebro aprendía mediante el simple proceso de comparar lo que él predecía sobre la realidad con lo que realmente la realidad le presentaba. Si la predicción sobre un evento se cumplía, no hacía falta aprender nada, pero si la predicción era errónea, era necesario aprender para ajustar mejor a la realidad la siguiente predicción.

En efecto, en los años 90 del pasado siglo se descubrió que el cerebro había adquirido durante la evolución un mecanismo para llevar a cabo estas predicciones y ajustarlas a la realidad cuando era necesario. El grupo de investigación dirigido por el Dr. Wolfram Schultz confirmó que el mesencéfalo de los primates respondía de una manera bastante sorprendente frente a las recompensas dadas a los animales tras realizar ciertas tareas. Si los monos bajo estudio eran recompensados de una forma superior a la que ellos esperaban, las neuronas que, para comunicarse, fabrican y utilizan el neurotransmisor dopamina (llamadas por ello dopaminérgicas, en adelante ND) se activaban con intensidad. Si la recompensa era similar a la esperada por los animales, estas neuronas mantenían una actividad en el rango normal. En cambio, si la recompensa era menor que la esperada, las neuronas ND disminuían su activación por debajo de lo normal.

Estos descubrimientos revelaron que la actividad de las neuronas ND del mesencéfalo es una respuesta celular frente al llamado error de predicción, es decir, la diferencia entre lo que se espera y lo que realmente sucede. La pregunta que se hicieron los neurocientíficos frente a estos datos fue ¿cómo hacen las neuronas ND para calcular el error de predicción? ¿Cómo determinan el nivel de actividad sináptica que deben desarrollar frente al valor de la diferencia entre lo esperado y la realidad?

Las investigaciones sobre este asunto condujeron a la identificación de otro tipo de neuronas que también parecían estar involucradas en esta tarea. Estas neuronas se comunican entre ellas con el neurotransmisor llamado ácido gamma amino butírico, más conocido como GABA (del inglés: *Gamma Amino Butyric Acid*), y se sitúan también en el mesencéfalo, en otra región llamada área tegmental ventral.

LUZ SOBRE LAS NEURONAS

Mediante técnicas de biología molecular, las neuronas pueden ser genéticamente manipuladas para que produzcan ciertas proteínas sensibles a luz láser de una frecuencia determinada. En esas condiciones, cuando son estimuladas por esa luz, las neuronas se activan y, al dejar de ser iluminadas, disminuyen su actividad. Esta nueva técnica, combinación de óptica y genética, ha sido denominada optogenética, y proporciona una herramienta de manipulación de la actividad neuronal muy potente, sin parangón con las utilizadas hasta ahora.

La manipulación de la actividad de las neuronas GABA mediante la optogenética produjo efectos muy curiosos. Cuando las neuronas GABA eran activadas, la actividad de las neuronas ND frente a las recompensas se modificó de manera dramática. Ahora, las neuronas ND no aumentaban su actividad frente a una recompensa superior a la esperada. Inversamente, si se inhibía la actividad de las neuronas GABA, las neuronas ND se activaban por encima de lo normal frente a recompensas esperadas.

Estos y otros estudios revelaron que la actividad de las neuronas GABA de alguna forma refleja el valor de la recompensa esperada. Este valor es comunicado a las neuronas ND, las cuales calculan el error de predicción y se activan de acuerdo con el valor estimado para el mismo.

Si los monos en el laboratorio son entrenados para esperar ciertas recompensas que siempre se producen, esto no es lo que sucede en la realidad, la cual a veces puede regalarnos con lo esperado y muchas más veces incomodarnos con lo inesperado. Cada suceso futuro tiene una probabilidad mayor o menor de suceder. En otras palabras, la probabilidad de que una cierta recompensa se produzca debe también ser evaluada a la hora de tomar decisiones sobre si debemos intentar o no hacer los esfuerzos necesarios para conseguirla.

Por esta razón, investigadores de la Universidad de Cambridge han estudiado ahora si las neuronas ND pueden o no evaluar también la probabilidad de que una determinada recompensa se produzca. Para ello, de manera similar a la que hizo Pavlov con sus famosos perros, entrenaron a monos a aprender que ciertas imágenes que eran presentadas como estímulos en la pantalla de un ordenador eran recompensadas con la misma recompensa, pero en frecuencias diferentes, por ejemplo, la recompensa se daba una de cada dos o una de cada cuatro veces que la imagen se mostraba. Los monos tenían que aprender a distinguir entre los estímulos de acuerdo con la probabilidad de recibir la recompensa que cada estímulo representaba.

Los resultados de estos estudios demuestran que las neuronas ND también participan en el aprendizaje de la probabilidad de recibir o no una recompensa. La actividad de las neuronas ND de los monos reflejó la probabilidad de recibir una recompensa asociada a cada imagen mostrada. Cuando los monos fueron obligados a elegir entre dos imágenes para obtener la recompensa, la actividad de las neuronas ND reflejaba la diferencia entre las probabilidades de ambos estímulos para conseguir la recompensa deseada.

Muchas personas deciden cada día qué hacer para maximizar los beneficios de sus inversiones, para conseguir trabajo, para vender más productos... Toda nuestra actividad económica, en el fondo, podría depender del buen funcionamiento de nuestras neuronas ND. Algo sobre lo que reflexionar en días de crisis. Al fin y al cabo, nosotros también somos primates.

Referencia: (1) Dopamine neurons learn relative chosen value from probabilistic rewards Lak et al. eLife 2016;5:e18044. DOI: 10.7554/eLife.18044. (2) Neir Eshel (2016) Trial and error. Science. 2 DECEMBER 2016 • VOL 354 ISSUE 6316,pp. 1108

22 de enero de 2017

NUEVAS PERSPECTIVAS SOBRE EL CALENTAMIENTO GLOBAL

El calentamiento global no solo está sucediendo, sino que lo hace a mayor velocidad de la estimada antes

EL AÑO 2016 ha sido el más caluroso desde que se tiene datos. Esto implica que 16 de los 17 años más calurosos de la historia han sucedido en el siglo XXI. El año 1998 es el restante. Estos nuevos datos apoyan sin ninguna duda la realidad del calentamiento global del planeta.

No obstante, aún en este contexto, el recién estrenado presidente de los EE.UU., el señor Donald Trump, opina que el calentamiento global es una historia inventada por los chinos para dañar la economía estadounidense y sus intereses en la industria del petróleo. El mundo está expectante sobre qué tipos de medidas puede tomar el Sr. Trump acerca del calentamiento global. Esperemos que la sabiduría se imponga, sabiduría que en este tema (como prácticamente en todos los demás) solo puede derivarse de la investigación científica y de la comprensión de lo que la ciencia nos revela.

Y es que la realidad revelada por la ciencia, única empresa humana capaz, en efecto, de revelarnos la realidad, es muy testaruda. Dos nuevos estudios, publicados en la revista *Science Advances* vienen a proporcionarnos aún más claros mensajes de los ya obtenidos hasta ahora sobre la extensión del calentamiento global y de sus dramáticas consecuencias a medio y largo plazo.

El primero de los estudios ha sido realizado por investigadores de la Universidad de California con la colaboración de la NASA y del Instituto de Tecnología de California. En este estudio los investigadores analizan de manera independiente la reciente revisión del incremento de temperatura de la superficie marina realizado por la Administración Nacional del Océano y la Atmósfera de los EE. UU., conocida como NOAA, por sus siglas en inglés.

Las anteriores estimaciones de la NOAA indicaban que la temperatura media de la superficie de los océanos se estaba incrementando 0,07ºC por década. Sin embargo, la variedad de métodos empleados para determinar la temperatura oceánica (por ejemplo, echar un cubo al agua para extraer una muestra, o dejar entrar el agua por la sala de máquinas), sufrían de importantes sesgos que podrían falsear los datos. Utilizando más moderna información y aplicando una serie de técnicas para minimizar estos sesgos, la NOAA ha reevaluado estas medidas y ha corregido sus estimaciones. Según estas correcciones, la temperatura media de los océanos está subiendo 0,12ºC por década, lo que supone un aumento de temperatura significativamente superior a los 0,07ºC estimados antes.

Ahora, los investigadores analizan nuevos datos de medición de la temperatura oceánica obtenidos de manera independiente y por métodos diferentes, como boyas con sensores, medidas radiométricas realizadas por satélite y flotadores del programa Argo (un conjunto de unos 4.000 flotadores localizados a lo largo y ancho del planeta que pueden variar la profundidad a la que realizan las medidas, como si fueran pequeños submarinos). Los científicos encuentran que sus análisis de los datos confirman las nuevas estimaciones de la NOAA. Así pues, el calentamiento global no solo está sucediendo, sino que lo hace a mayor velocidad de la estimada antes.

¿ADIÓS A LA CORRIENTE?

El segundo de los estudios analiza los efectos del calentamiento global oceánico sobre las mayores corrientes marinas, las cuales distribuyen el calor desde el ecuador y los trópicos a las latitudes del norte. Una de las corrientes más importantes a este respecto es la conocida corriente del Golfo, la cual permite que las temperaturas del norte de Europa en invierno sean tolerables.

La corriente del Golfo se establece por la diferencia de salinidad y de temperatura entre el norte y el sur del océano Atlántico. A latitudes más al norte, el agua se enfría y se hunde, mientras que al sur se calienta y tiende a subir. Estas diferencias generan una corriente que en superficie va de sur a norte, pero que por el fondo oceánico se desplaza en dirección opuesta. Si, debido al calentamiento global, las diferencias de salinidad y de temperatura entre el sur y el norte oceánico variaran, la corriente se vería afectada y, con ello, el transporte de calor de sur a norte. El clima de Europa sería uno de los más afectados.

Para intentar predecir lo que puede suceder en el futuro, los investigadores elaboran modelos por ordenador que simulan posibles escenarios de acuerdo con diversos parámetros, como la tasa de aumento de la temperatura oceánica, anteriormente medida, o la cantidad de emisiones de CO_2 y metano (otro importante gas de efecto invernadero) que se estiman van a producirse a lo largo de los años de acuerdo con diferentes escenarios (mayor o menor uso de energías renovables, por ejemplo).

En este segundo estudio, otro equipo de investigadores, también de la Universidad de California, corrigen con nuevos parámetros los modelos de predicción del comportamiento de las corrientes del océano Atlántico en respuesta al calentamiento. Hasta la fecha, estos modelos predecían que la corriente del Golfo permanecería estable. Sin embargo, los nuevos modelos indican que, si se llega a doblar la cantidad de CO_2 atmosférico existente antes de la era industrial, lo que no es imposible que llegue a suceder, la corriente desaparecerá en 300 años, causando, paradójicamente, un gran enfriamiento en Europa.

Estos estudios vuelven a aconsejar que urge tomar medidas para evitar estos dramáticos escenarios futuros. Cuáles van a tomarse depende, aunque solo sea en parte, de la cultura científica y preparación de los líderes políticos, la cual depende también de la propia cultura científica y preparación de la sociedad en su conjunto. Por ello, hoy más que nunca en la historia de la Humanidad, resulta fundamental escuchar lo que nos dice la ciencia e intentar comprenderlo.

Referencia: (1) Hausfather et al. Assessing recent warming using instrumentally homogeneous sea surface temperature records. Sci. Adv. 2017;3: e1601207. (2) Wei Liu, et al. Overlooked possibility of a collapsed Atlantic Meridional Overturning Circulation in warming climate. Sci. Adv. 2017;3: e1601666

29 de enero de 2017

MÁS CERCA DE LA INMUNOTERAPIA CONTRA EL CÁNCER

En la actualidad, la mayoría de los pacientes de cáncer no responde a la inmunoterapia

UN DESCUBRIMIENTO IMPORTANTE sobre el funcionamiento del sistema inmune es que las células de nuestro cuerpo deben indicar en cada momento a las células inmunes su identidad y estado de salud. Esta es la única manera en la que su vida es respetada. Si la identidad se modifica desde el punto de vista molecular, como sucede por ejemplo cuando la célula es infectada por un virus o una bacteria, el sistema inmune identifica a esa célula como enferma y la elimina.

Un cambio de identidad molecular sucede también en el caso de la transformación de una célula normal en tumoral. Las mutaciones que permiten el crecimiento descontrolado de las células pueden ser identificadas como un cambio de identidad celular y ser blanco del ataque del sistema inmune. De hecho, hoy se sabe que el cáncer solo es capaz de desarrollarse si de alguna forma soslaya la acción del sistema inmune.

A pesar de este conocimiento, no se han podido desarrollar aún estrategias inmunoterapéuticas eficaces y consistentes contra el cáncer en el caso de seres humanos. Es cierto que algunos procedimientos de estimulación inmune han dado resultados positivos, pero, en la actualidad, la mayoría de los pacientes de cáncer no responde a la inmunoterapia y las razones de esta falta de respuesta no son conocidas.

La investigación sobre los mecanismos de acción de la inmunoterapia se ha centrado en las células inmunes que infiltran los tumores. Sin embargo, es bien conocido que cuando el sistema inmune lucha contra una infección, no lo hace solo en el sitio donde esta se produce, sino que se activan mecanismos de lucha que involucran a todo el organismo. No obstante, no se había estudiado todavía si una situación de lucha global de las defensas se produce también en el caso de la lucha contra el cáncer. La razón principal de esta carencia era que no se tenía posibilidad de hacerlo, ya que para lograrlo es necesario comparar dos procedimientos de inmunoterapia diferentes, uno que funcione bien y erradique los tumores y otro que funcione igualmente, es decir, que estimule de alguna forma las defensas, pero que lo haga mal y no consiga detener el crecimiento tumoral. Nadie había dado con procedimientos similares, ni siquiera en animales de laboratorio.

Esta situación cambió hace algo menos de dos años. Investigadores de la Universidad de Stanford, en USA, descubrieron un procedimiento de inmunoterapia antitumoral muy eficaz, aunque por el momento solo funciona en ratones de laboratorio. Este procedimiento contrasta con otros que, aunque son eficaces contra ciertos tipos de tumores, no lo son contra otros. Al parecer, la forma en que se estimula al sistema inmune es muy importante dependiendo del tipo de tumor que se desee erradicar.

DERROTA O VICTORIA

Para estudiar las diferencias entre la eficacia de ambos tipos de procedimientos, los investigadores utilizan una estirpe de ratón de laboratorio que desarrolla espontáneamente cáncer de mama de un tipo muy agresivo. El sistema inmune de los ratones fue estimulado con el nuevo procedimiento, capaz de erradicar a los tumores de mama, o con otro procedimiento que no daba los mismos resultados y que, por consiguiente, no podía erradicarlos. A continuación, los científicos utilizan una reciente tecnología de análisis, llamada citometría de masas, la cual permite identificar de manera muy precisa los diferentes tipos de células que pueden encontrarse en un órgano o tejido corporal determinado.

Con esta tecnología, analizan los diferentes tipos de células que han infiltrado el tumor, dependiendo del tipo de estimulación administrada. Igualmente, analizan las células que se encuentran en los distintos órganos del sistema inmune, en particular en los ganglios linfáticos cercanos o alejados del sitio donde se desarrolla el tumor, así como en órganos del sistema inmune centrales, como el bazo o la médula ósea.

Los investigadores revelan que, en los ratones tratados con el procedimiento de estimulación inmune eficaz, el número de linfocitos T, de células dendríticas y de macrófagos (todas ella células importantes del sistema inmune) que infiltra al tumor se incrementa drásticamente en los tres primeros días tras el tratamiento. Estas células se reprodujeron rápidamente en el interior del tumor. En contraste, estas células no infiltraron el tumor en el caso de los ratones tratados con un procedimiento de estimulación inmune ineficaz para el cáncer de mama.

A pesar de las diferencias observadas en los tres primeros días, los tumores de los ratones estimulados con el procedimiento eficaz no empezaron a ser erradicados hasta ocho días después de la estimulación de las defensas. En ese momento, los investigadores no encontraron diferencias entre las células que infiltraban los tumores de ambos tipos de animales, es decir, los estimulados con el procedimiento eficaz y los no estimulados con ese procedimiento. Por otra parte, en ese momento, las células inmunes ya no proliferaban en el interior del tumor.

Sin embargo, los investigadores encuentran diferencias importantes en las células que proliferan en los órganos linfoides del sistema inmune, tanto cercanos como alejados del tumor. Estas células son de los mismos tipos identificados antes, pero están acompañadas, además, por un elevado número de células llamadas linfocitos T CD4, los más importantes para el funcionamiento del sistema inmune, como lo indica el hecho de que son el blanco de acción del virus que causa el SIDA.

Estos estudios aportan al menos dos aspectos importantes. El primero es que aumentan la esperanza de que algunos tumores puedan ser curados completamente, metástasis incluidas, mediante la estimulación adecuada del sistema inmune. El segundo, es que proporcionan un procedimiento de estudio para distinguir entre las inmunoterapias que pueden resultar eficaces y las que no. Aunque aún falta mucho camino por recorrer, estamos un poco más cerca de curar el cáncer.

Referencia: Spitzer et al., Systemic Immunity Is Required for Effective Cancer Immunotherapy, Cell (2017), http://dx.doi.org/10.1016/j.cell.2016.12.022

5 de febrero de 2017

EVOLUCIÓN BACTERIANA TIME-LAPSE

*Los investigadores pueden comprobar cómo sucede la evolución
bacteriana hacia la resistencia a los antibióticos*

UNA DE LAS principales preocupaciones de los expertos en salud pública es el aumento de las variantes bacterianas resistentes a los antibióticos. Algunas de estas variantes son resistentes a casi la totalidad de los antibióticos conocidos, lo que las convierte en muy peligrosas.

El fenómeno de la resistencia a los antibióticos ha espoleado la investigación para avanzar en la comprensión del proceso de su aparición y difusión entre las bacterias y en el estudio de nuevas estrategias para luchar contra las variantes resistentes. Estos estudios se han realizado generalmente con cultivos bacterianos en medio líquido. En estas condiciones de recursos nutritivos limitados, los mutantes resistentes que puedan surgir compiten también unos con otros por los nutrientes y, por consiguiente, los que mejor sobreviven no son solo los más resistentes a los antibióticos, sino también los más competitivos. Esto genera una cierta confusión a la hora de intentar comprender el papel de las mutaciones que han conducido a la resistencia y, al mismo tiempo, a un mayor crecimiento.

Los investigadores estaban un poco atascados en este asunto. Afortunadamente, a un grupo de profesores de las universidades de Harvard, en EE.UU. y de Haifa, en Israel, se les ocurrió fabricar una gigantesca placa de cultivo bacteriano para enseñar en tiempo real a sus estudiantes la evolución de las bacterias. Esta placa de cultivo gigante se ha revelado como un interesantísimo útil para estudiar la adquisición de la resistencia a los antibióticos por parte de las bacterias. ¿En qué consiste esta gigantesca placa?

Quizá seamos conocedores de que las bacterias tradicionalmente se han cultivado en las conocidas como *placas de Petri*, en honor al microbiólogo alemán Julius Richard Petri. Son estas unos recipientes cilíndricos, similares a los botes de cremas para las manos que podemos comprar en las perfumerías, pero de plástico transparente. Con ellas, Alexander Fleming descubrió el hongo productor de la penicilina.

Entre otras cosas, las placas de Petri se utilizan para crecer bacterias en el laboratorio. Esto se hace mediante la fabricación de una solución de agar con medio nutritivo para estos microorganismos. El agar es una sustancia gelatinosa a temperatura ambiente que se extrae de ciertas especies de algas. Si se calienta en agua hasta unos 50ºC, el agar se disuelve, lo que permite mezclarlo con nutrientes y antibióticos. Al depositarlo en una placa y dejarlo enfriar, el agar adquiere el aspecto de una gelatina sobre la que pueden colocarse bacterias que crecerán sobre la superficie nutritiva del agar.

INVASIÓN CRECIENTE

Ahora que ya comprendemos mejor para qué se usan las placas de Petri, podremos entender por qué los investigadores han generado una placa de Petri gigantesca, en la que pueden comprobar cómo sucede la evolución bacteriana hacia la resistencia a los antibióticos. Los científicos fabrican un recipiente de plástico, en este caso rectangular, de unas dimensiones de 120 x 60 x 15 cm. En este recipiente colocan unas tiras de agar muy espeso (similar a una gominola, podríamos decir). Los investigadores van colocando de izquierda a derecha tiras en el fondo de la placa, hasta completarla, cada una de ellas con una concentración creciente de antibiótico, excepto la primera, que carece de antibiótico. Al final, la placa es recubierta de ocho de estas tiras cada una con más antibiótico que la anterior.

Tras colocar las tiras de agar espeso, los científicos vierten sobre ellas una solución de agar menos espeso, que, al enfriarse, forma una fina capa superficial sobre toda la placa de solo milímetros de espesor. En este agar de la superficie es donde crecerán las bacterias que, y esto es importante, podrán moverse en busca de nutrientes debido a que la escasa densidad del agar les permite nadar mediante sus flagelos sin impedimento.

En estas condiciones, el antibiótico presente en las tiras de la parte inferior difunde hacia la superficie, afectando al crecimiento de las bacterias. Inicialmente, las bacterias se colocan a la izquierda de la placa, sobre la superficie que se encuentra sobre la tira que carece de antibiótico. Las bacterias comienzan a crecer y a moverse hacia el límite con la siguiente tira. Poco a poco van consumiendo nutrientes y expandiéndose hasta que llegan allí. En ese momento, su crecimiento hacia la derecha se detiene, ya que el antibiótico las mata.

Sin embargo, si surgen uno o más mutantes resistentes a esa baja concentración de antibiótico, comienzan a invadir la superficie de agar fino situada sobre la segunda tira hasta que alcanzan el límite con la tercera. Ahí, de nuevo, el crecimiento hacia la derecha se detiene, a menos que hayan surgido mutantes resistentes a la mayor concentración de antibiótico.

Como puede verse, este procedimiento va seleccionando mutantes que son progresivamente resistentes a concentraciones crecientes de antibióticos. Los investigadores comprueban así que las bacterias pueden incrementar su resistencia hasta unas cien mil veces en las condiciones del experimento.

Por otra parte, el análisis de los mutantes demuestra que estos lo son en genes que generan las proteínas sobre las cuales el antibiótico actúa, haciéndolas inmunes a su acción. En ocasiones, esto causa un paradójico crecimiento más lento, pero que, no obstante, permite la supervivencia de las bacterias en presencia del antibiótico. En este caso, otros mutantes que recuperan una velocidad de crecimiento casi normal pueden también surgir en la población bacteriana.

Este nuevo y simple procedimiento, además de permitir comprobar la aparición de mutantes bacterianos en tan solo unos días, permite estudiar los genomas de los mutantes cada vez más resistentes que se van generando, lo que probablemente ayudará a comprender cómo las bacterias adquieren la resistencia y luchar mejor contra ella.

Referencia: Michael Baym, et al. (2016). Spatiotemporal microbial evolution on antibiotic landscapes. Science. 9 SEPTEMBER 2016 • VOL 353 ISSUE 6304, pp 1147

12 de febrero de 2017

UNA EXPLICACIÓN MATEMÁTICA DE LA ESTRELLA MÁS EXTRAÑA

Lo realmente sorprendente del comportamiento de esta estrella es la variación aparentemente errática de su luminosidad

HACE UNOS MESES, relataba en esta sección el descubrimiento de una estrella cuyo comportamiento la convertía en la más extraña de las conocidas hasta ahora. Se trata de la estrella llamada KIC 8463852, también denominada estrella Boyajian, en honor al apellido del primer autor del artículo científico que reveló su existencia. Boyajian está situada en la constelación del Cisne, a unos 1.400 años-luz de la Tierra, y es algo más luminosa, aunque bastante más joven, que el Sol, ya que solo cuenta con unos cientos de millones de años de vida, cuando la edad del Sol es de alrededor de 4.500 millones de años.

Como explicaba en mi anterior artículo, lo realmente sorprendente del comportamiento de esta estrella es la variación, aparentemente errática, de su luminosidad a lo largo del tiempo. Por ejemplo, en 2011 la luminosidad de la estrella cayó un 15%, tras lo que recuperó el nivel inicial. En 2013, su luminosidad cayó un 22%, lo que es realmente enorme, tras lo cual volvió también a recuperar su nivel anterior. Entre estas dos grandes caídas de luminosidad la estrella nunca ha brillado de manera uniforme y su evolución ha estado caracterizada por pequeñas y erráticas fluctuaciones de su brillo.

Se han postulado varias hipótesis para intentar explicar este comportamiento, aunque hasta la fecha todas tienen un punto en común: atribuyen el extraño comportamiento de la estrella a factores que nada tienen que ver con su interior, sino con lo que le rodea. Así, sus caídas de luminosidad se han atribuido a nubes de cometas cercanos que ocultarían su luz, a nubes de gas y de polvo que causarían el mismo resultado, o incluso a la actividad de una civilización tecnológicamente mucho más avanzada que la nuestra que estaría capturando la energía de la estrella para sus propios fines. Esta última hipótesis es falsificable y, por tanto, científicamente válida, aunque la probabilidad de que se acerque remotamente a la realidad es, en mi opinión, irrisoria.

Desgraciadamente, todas estas hipótesis sufren de serias limitaciones en su poder explicativo. Por ejemplo, si fuera una nube de gas y polvo la causante de las fluctuaciones de luminosidad, estas solo se producirían en frecuencias concretas del espectro electromagnético, pero no en otras, ya que el gas y el polvo son transparentes para ciertas frecuencias de la luz, pero opacas para otras. Igualmente, la hipótesis de la nube de cometas implica que para que esta genere tan importantes caídas en la luminosidad de la estrella, la nube debería ser enorme y compuesta por cometas muy grandes. Además, los cometas, al acercarse a una estrella en su órbita, comienzan a emitir gas y polvo y a formar las típicas y enormes colas cometarias. Estas colas no se han detectado. Por último, Boyajian carece de una compañera cercana, por lo que las caídas de luminosidad no pueden ser debidas a una estrella más oscura que bloquee su luz.

ESTADÍSTICA AL RESCATE

Ante este panorama tan poco satisfactorio para comprender lo que está sucediendo con esta estrella, investigadores del Departamento de Física de la Universidad de Illinois analizan la distribución estadística de las variaciones de luminosidad en busca de algún patrón de comportamiento. El propósito de este análisis es comprobar si los cambios de luminosidad observados suponen un fenómeno único de esta estrella o si, por el contrario, su distribución en el tiempo es similar a la de otros fenómenos naturales que hayan podido observarse, lo que podría proporcionar valiosa información sobre lo que está realmente sucediendo con esta estrella.

Sorprendentemente, los resultados de estos análisis estadísticos indican que las variaciones de luminosidad de la estrella Boyajian siguen un comportamiento similar al de las avalanchas. ¿Qué quiere decir esto?

Probablemente todos hemos tenido la ocasión de observar el comportamiento de las avalanchas. Sí, sí, no me mire usted así. No es necesario irse a los Alpes o a los Pirineos y poner en riesgo la vida para observar avalanchas. Basta tan solo con observar el comportamiento de un reloj de arena, que tal vez tenga en casa. Como es obvio, a medida que la arena cae del depósito superior al inferior, va formando un montículo. Si nos fijamos en la arena que se desliza desde la cima hacia el fondo por la superficie del creciente montículo, comprobaremos que esta no lo hace de manera uniforme. Al contrario, a periodos de leve caída de arena le siguen periodos de mayor caída. La arena forma pequeñas avalanchas sobre el montículo. Con un cronómetro y paciencia, podríamos determinar la intensidad y duración de cada avalancha, aunque probablemente nos haría falta algún tipo de sensor sofisticado controlado por ordenador para hacerlo de manera fiable.

El comportamiento típico de las avalanchas se ha observado también en varios fenómenos naturales, entre ellos algunos procesos astronómicos, como las explosiones de rayos gamma o la emisión de fulguraciones por las estrellas. Pues bien, los cambios de luminosidad de Boyajian obedecen a este comportamiento. Esto sugiere que la causa de dichas fluctuaciones no se debe a factores externos, sino a causas internas a la propia estrella. Los autores no proponen ningún fenómeno nuevo para intentar explicar lo que sucede, pero la información que aporta su análisis debería espolear que se propongan y estudien nuevas hipótesis. Al mismo tiempo, este análisis estimulará sin duda nuevas observaciones de Boyajian con diferentes instrumentos de análisis astronómico para intentar recabar nuevos datos sobre el comportamiento íntimo de esta estrella, datos que tal vez consigan revelar por qué sigue siendo la estrella más extraña de la galaxia.

Referencias: (1) Mohammed A. Sheikh, Richard L. Weaver, and Karin A. Dahmen. Avalanche Statistics Identify Intrinsic Stellar Processes near Criticality in KIC 8462852. Phys. Rev. Lett. 117, 261101 – Published 19 December 2016. https://doi.org/10.1103/PhysRevLett.117.261101
(2) https://jorlab.blogspot.com.es/2016/09/la-estrella-mas-extrana-de-la-galaxia.html

19 de febrero de 2017

Rápida evolución antitóxica

Existen varias razones por las cuales algunas especies se han extinguido y otras se encuentran en serio riesgo de extinción

EL PASADO AÑO se publicaba un artículo, del que traté en esta sección, el cual nos informaba del inicio de una nueva era geológica, denominada Antropoceno. Esta era pone fin al Holoceno (últimos 11.700 años) y se caracteriza por la importante huella que el ser humano está dejando sobre el planeta, la cual podrá ser detectada miles o incluso millones de años en el futuro, si acaso alguna especie inteligente y con tecnología suficiente aún mora sobre la Tierra.

Una de las huellas más importantes que el Antropoceno está dejando es una sexta extinción masiva de especies vivas. Recordemos que la quinta extinción masiva sucedió hace unos 66 millones de años y acabó con los dinosaurios. La sexta, en cambio, está sucediendo ahora mismo, mientras yo escribo y usted lee estas líneas. Aunque hasta el momento se ha documentado la extinción de 875 especies entre los años 1500 y 2009, las estimaciones actuales indican que se están extinguiendo miles de especies cada año. Muchas se extinguen incluso antes de que hayamos podido descubrir su existencia.

En el caso de especies marinas, existen varias razones por las cuales algunas especies se han extinguido y otras se encuentran en serio riesgo de extinción. La sobreexplotación pesquera es una de ellas, como también lo es la acidificación de los océanos y la acumulación en ellos de sustancias tóxicas vertidas a los mares por la actividad industrial.

Que una especie se extinga o sobreviva ante los rápidos cambios causados por la actividad humana depende de ciertos factores. Uno de ellos es la biodiversidad dentro de una especie dada, es decir, el número de individuos genéticamente diferentes con los que cuenta la especie. A mayor número de ellos, más probable resultará que algunos puedan sobrevivir ante un brusco cambio de las condiciones ambientales. Igualmente, la tasa de mutaciones génicas producidas entre generación y generación puede ayudar a que aparezcan individuos con las capacidades necesarias para adaptarse y sobrevivir a los cambios medioambientales causados por la actividad humana. En cualquier caso, si la velocidad de los cambios medioambientales excede la capacidad de adaptación de una especie dada, la especie se extinguirá.

Poco o nada se sabe de la capacidad de adaptación de las especies a los cambios causados por el ser humano. Para adquirir más conocimiento sobre este asunto, un numeroso grupo de investigadores de varias universidades estadounidenses estudia la adaptación a condiciones de extrema toxicidad de un pequeño pez, *Fundulus heteroclitus*, abundante en la costa este de los Estados Unidos.

PUNTOS SUCIOS Y LIMPIOS

El interés del estudio de este de pez reside en que la especie cuenta con poblaciones diseminadas en varias zonas. Algunas de estas zonas pueden considerarse relativamente limpias y exentas de contaminación; otras, en cambio, están altamente contaminadas con mezclas complejas de sustancias tóxicas en concentraciones letales. Por consiguiente, las poblaciones que viven en estas últimas parecen haberse adaptado rápidamente a un cambio bastante radical y nocivo en su entorno.

Esta situación es ideal para comparar los genomas de los peces que habitan las regiones contaminadas con los de las zonas limpias. Probablemente esta comparación permitirá descubrir genes mutados que han posibilitado la aparición de resistencia a los contaminantes en las poblaciones expuestas a ellos. Estos genes pueden ser importantes para evitar la extinción de especies animales expuestas a una elevada contaminación ambiental.

Los investigadores secuencian los genomas de entre 43 y 50 especímenes obtenidos de ocho regiones distintas de la costa atlántica americana. Cuatro de ellas están poco contaminadas, por lo que están pobladas por peces sensibles a los contaminantes. Las otras cuatro están altamente contaminadas y, por consiguiente, están pobladas por individuos que han mutado y desarrollado resistencia a los contaminantes en tan solo unas pocas décadas, lo que es muy poco tiempo en la escala evolutiva.

Las ocho zonas, además, fueron elegidas de manera que formaran parejas en las que la distancia geográfica entre una región limpia y otra sucia no fuera grande. De este modo, los investigadores pretendían evitar las divergencias genéticas que pueden producirse entre poblaciones alejadas, las cuales no serían debidas a la presencia de contaminantes. De hecho, los datos de secuenciación de ADN revelan que las seis poblaciones que se encuentran más al norte se diferencian genéticamente de manera clara de las dos poblaciones que se encuentran más al sur, de manera independiente de la presencia o ausencia de contaminantes.

La comparación entre las poblaciones sensibles y resistentes a los contaminantes reveló que las poblaciones resistentes, sorprendentemente, han perdido genes relacionados con un mecanismo de resistencia a sustancias tóxicas: el llamado receptor de hidrocarburos aromáticos. Este receptor detecta compuestos hidrocarbonados aromáticos (de la familia del benceno) y pone en marcha ciertas enzimas que los metabolizan. El problema reside en que algunos de los productos de este metabolismo resultan aún más tóxicos que las sustancias originales, por lo que en un ambiente donde estas abundan, este receptor hace más mal que bien. Esta es la razón por la que las poblaciones tolerantes a los contaminantes han perdido estos genes.

Los investigadores descubren que esta pérdida va acompañada de otros cambios genéticos compensatorios, los cuales favorecen la tolerancia a los contaminantes. Los científicos concluyen que estos cambios han podido ser seleccionados de forma natural gracias a la gran diversidad genética inicial de esta especie.

Estos estudios indican que algunas especies están adaptándose rápidamente a los cambios ambientales causados por el ser humano. No tienen más remedio si esperan sobrevivir.

Referencia: Noah M. Reid et al. The genomic landscape of rapid repeated evolutionary adaptation to toxic pollution in wild fish. Science 09 Dec 2016. Vol. 354, Issue 6317, pp. 1305-1308 DOI: 10.1126/science.aah4993. http://science.sciencemag.org/content/354/6317/1305

26 de febrero de 2017

CAUSAS MOLECULARES DEL SÍNDROME PREMENSTRUAL

Durante la menstruación, algunas mujeres sufren incluso de problemas más serios

EL SÍNDROME PREMENSTRUAL (SPM) es un conjunto de síntomas que aparecen unos días antes de la menstruación. Se estima que entre el 30 y el 80% de las mujeres sufren de este síndrome en mayor o menor grado. Los síntomas incluyen tanto problemas físicos como psicológicos. Entre los problemas físicos se encuentran el dolor de cabeza, calambres, inflamación de los senos, diarrea o, al contrario, estreñimiento, y retención de líquidos.

Los problemas psicológicos son tal vez los más preocupantes, ya que impactan muy negativamente en las relaciones sociales y de pareja. Estos síntomas pueden incluir ánimo deprimido, ansiedad, llanto frecuente, irritabilidad, pérdida de interés por lo cotidiano y dificultad para concentrarse. Los mencionados síntomas suponen solo una pequeña muestra de los hasta 200 síntomas descritos por mujeres que padecen de este síndrome.

Las causas del SPM no se conocen con precisión. No obstante, aunque no todas las mujeres en edad fértil lo padecen, es obvio que está relacionado con los cambios hormonales producidos durante el ciclo menstrual. En particular, el SPM se desencadena en la llamada fase lútea de la menstruación, que se inicia tras la ovulación y la subsiguiente generación en el ovario del cuerpo lúteo, el cual produce una importante cantidad de la hormona progesterona y también de estradiol (un estrógeno), aunque este en menor cantidad. La progesterona es fundamental en la preparación del útero para la implantación del posible óvulo fecundado.

El SPM es un interesante ejemplo, en mi opinión, de lo que la sociedad puede considerar o no una enfermedad. Las mujeres de todas las épocas han sufrido de este síndrome, pero no fue considerado como una enfermedad hasta 1953. A partir de entonces, se generó un debate, todavía abierto, sobre si el SPM es una patología o es solo una manifestación normal del proceso de menstruación, ya que, de hecho, lo experimentan una mayoría de mujeres.

Sin embargo, durante la menstruación, algunas mujeres sufren incluso de problemas más serios que los descritos arriba, los cuales han sido catalogados como un síndrome relacionado, aunque diferente del SPM. Se trata del llamado trastorno disfórico premenstrual (TDPM), padecido por entre el 3% y el 8% de las mujeres en edad de menstruar.

Los serios síntomas del TDPM incluyen: una marcada irritabilidad, depresión grave, pensamientos suicidas, ansiedad severa, ataques de pánico, grandes cambios en el apetito, hinchazón y dolores menstruales. El TDPM se produce también durante la fase lútea, por lo que parece igualmente relacionado con los cambios hormonales propios de este proceso.

GENES RESPONSABLES

No obstante, para catalogar una condición como enfermedad debemos identificar una causa que suponga una anomalía respecto a los sujetos considerados sanos. Puesto que la acción de las hormonas se traduce siempre en cambios en el funcionamiento de ciertos genes, investigadores del Instituto de Salud Mental de los EE.UU. han analizado si las hormonas propias de la fase lútea afectan de manera diferente al funcionamiento de los genes en mujeres afectadas de TDPM.

Evidentemente, los cambios en los estados de ánimo y comportamiento son probablemente debidos a efectos hormonales sobre las neuronas u otras células del sistema nervioso. Serias razones éticas impiden analizar los cambios en el funcionamiento de los genes en estas células ya que, para ello, las mujeres deberían voluntariamente permitir a los investigadores extraer una pequeña muestra de sus cerebros antes y durante la fase lútea del ciclo menstrual para analizar los genes que se encuentran funcionando en ellas. Ni siquiera con ese permiso sería ético semejante procedimiento, claro está.

Para soslayar este problema, los investigadores analizan los cambios en el funcionamiento de los genes en células de la sangre, las cuales, curiosamente, manifiestan cambios en el funcionamiento génico durante el ciclo menstrual similares a los observados en las neuronas, al menos en el caso de animales de laboratorio. Estos análisis revelan que las hormonas de la fase lútea afectan de manera anómala al funcionamiento no solo de un gen, sino de todo un conjunto de 13 genes conocido con el esotérico nombre de ESC/E(Z). El funcionamiento de estos genes se ve afectado de manera inversa a la normal por las hormonas menstruales en las mujeres que sufren de TDPM. Es como si en lugar de ir hacia adelante tras recibir una señal, las células no solo no hicieran esto, sino que se dirigieran hacia atrás, con las consecuencias que esto conlleva.

Aunque queda por demostrar si estos cambios génicos suceden también en las neuronas, estos estudios identifican una causa molecular para esta enfermedad minoritaria en las mujeres en edad de menstruar. Los autores del estudio consideran que es un descubrimiento importante para la salud de la mujer, ya que revela que los cambios de ánimo y emocionales relacionados con la menstruación no se encuentran bajo control voluntario de la mujer y, por tanto, esta no es responsable de ellos. Estoy muy de acuerdo con esta apreciación.

Sin embargo, lo anterior conduce a tener que considerar que los hombres son también afectados por sus hormonas sexuales. En algunos casos anómalos es, por tanto, posible que incluso cambios normales en estas hormonas produzcan efectos extremos, incluso contrarios a los normales en el funcionamiento de ciertos genes. Por lo que se sabe sobre las hormonas sexuales masculinas, estos efectos podrían resultar en una extrema agresividad en esos casos anómalos, agresividad que los hombres afectados no podrían controlar voluntariamente y de la que tampoco serían responsables. En aras igualmente a la salud e integridad física de las mujeres, sería importante investigar con atención este aspecto en los hombres.

Referencia: *N. Dubey et al.* (2017). The ESC/E(Z) complex, an effector of response to ovarian steroids, manifests an intrinsic difference in cells from women with premenstrual dysphoric disorder. Molecular Psychiatry, (3 January 2017) | doi:10.1038/mp.2016.229

5 de marzo de 2017

HUEVOS, DIENTES Y LA EXTINCIÓN DE LOS DINOSAURIOS

Se sabe hoy que ningún animal de peso superior a los 25 kg sobrevivió a la colisión

ES BIEN CONOCIDO que la extinción de los dinosauros se debió, al menos en parte, a la colisión de un asteroide con la Tierra hace unos 66 millones de años. Si bien este cataclismo ayuda a explicar la extinción de esos fabulosos animales, no lo explica todo, puesto que no todos los animales se extinguieron y, en particular, no lo hicieron las aves, que evolucionaron a partir de los dinosaurios y se consideran hoy dinosaurios vivientes.

Lo anterior implica que los verdaderos dinosaurios debieron sufrir ciertas desventajas que impidieron su supervivencia en el nuevo entorno ecológico generado tras la cataclísmica colisión, y que solo las especies que pudieron superarlas y evolucionar hacia otras formas de vida, como son las aves, sobrevivieron. Entre estas desventajas, parece razonable incluir la talla corporal.

La enorme talla de algunas especies de dinosaurios hizo imposible para ellas conseguir los alimentos necesarios para mantenerse con vida en el entorno de rápido cambio climático generado por la colisión. Se cree que esta generó un largo "invierno" debido al polvo, cenizas y otros materiales expulsados a la atmósfera, los cuales bloquearon la llegada de la luz solar a la superficie del planeta, con el consiguiente brutal descenso de las temperaturas. De hecho, se sabe hoy que ningún animal de peso superior a los 25 kg sobrevivió a la colisión. La Tierra quedó poblada por enanos.

Sin embargo, una gran talla no solo pudo suponer una desventaja en la edad adulta, sino también durante el desarrollo embrionario en el interior del huevo. Un largo periodo de incubación de los huevos puede suponer un mayor riesgo de que estos se pierdan, se dañen, o sean utilizados como desayuno por algún predador.

Los periodos de incubación de los huevos de las aves son cortos en comparación con los de los reptiles. La mayoría de los reptiles poseen dos oviductos y los huevos son formados y puestos al mismo tiempo, normalmente en elevadas cantidades. Las aves poseen un solo oviducto y los huevos son puestos en menor número, aunque son más grandes que los de los reptiles. Curiosamente, a pesar de este mayor tamaño, los huevos de las aves eclosionan en mucho menor tiempo que los de los reptiles. Las aves consiguen acortar al máximo el tiempo de desarrollo embrionario gracias a mantener en su interior una temperatura elevada mediante la incubación, además de que las cáscaras de sus huevos permiten una mejor conducción de oxígeno a su través, lo que posibilita a su vez una mayor tasa metabólica y de crecimiento.

CUESTIÓN DE DIENTES

Obviamente, aves y reptiles actuales provienen de un ancestro común, el cual, o tenía un largo periodo de incubación de sus huevos, en cuyo caso las aves habrían evolucionado hasta conseguirlo más corto, incrementando los cuidados paternos a los huevos mediante su incubación activa, o tenía un periodo de incubación corto, en cuyo caso serían los reptiles actuales los que habrían evolucionado alargándolo, eximiendo así los cuidados paternos.

¿Qué periodo de incubación tenían los huevos de los dinosauros de los que derivan las aves? Esta cuestión se ha considerado hasta hace poco imposible de responder. Solo se ha podido realizar una estimación a partir de los periodos de incubación de aves de diferentes tamaños, desde el colibrí al avestruz. Considerando que los huevos de dinosaurio fosilizados que se han recuperado varían de 0,42 a 5,63 kilogramos de peso, se ha estimado que su periodo de incubación variaba de 45 a 80 días, según las especies de estos reptiles.

Sin embargo, recientemente se ha descubierto un método alternativo para calcular el periodo de incubación, o de embarazo, de cualquier animal que nazca con dientes. Se trata de contar el número de las llamadas líneas de Ebner en los dientes del embrión en desarrollo. Las líneas de Ebner reflejan los cambios diarios en el proceso de mineralización que tiene lugar durante el desarrollo del diente, y su número, por tanto, indica la cantidad de días que el diente lleva creciendo. En el caso de los dinosaurios, los embriones ya desarrollaban dientes antes de salir del cascarón, por lo cual, la determinación del número de estas líneas en embriones fósiles puede dar una idea de los periodos de incubación.

Investigadores de las universidades de Florida (USA) y de Cálgari (Canadá), estudian los embriones fósiles de dos especies de dinosaurios: *Protoceratops andrewsi*, un dinosaurio de un tamaño similar al de un león o un tigre, e *Hypacrosaurus stebingeri*, un dinosaurio de tres metros de alto y nueve de largo. Los huevos de *P. andrewsi* eran de los más pequeños de entre las especies de dinosauros, mientras que los de *H. stebingeri* se encontraban entre los más grandes. De este modo, los investigadores esperaban que los datos que encontraran podrían reflejar el rango de periodos de incubación para todos los dinosaurios.

Tras el análisis de los dientes de varios embriones fósiles, los investigadores encuentran que el periodo de incubación de *P. andrewsi* era de 83 días, mientras que el de *H. stebingeri* era de unos 171 días, es decir, de casi seis meses. Los investigadores concluyen que los ancestrales dinosaurios necesitaban tiempos de incubación similares a los de los reptiles modernos, y que son las aves las que han evolucionado hacia tiempos de incubación más cortos. Curiosamente, este acortamiento ha sido conseguido gracias a la pérdida de los dientes, que suponen un cuello de botella para el desarrollo embrionario, ya que su crecimiento es lento. Así pues, la pérdida de los dientes y el desarrollo del pico parece haber sido una estrategia de supervivencia que ha permitido que los huevos de las aves corran menos riesgos que los de sus hermanos los dinosaurios.

Referencia: Gregory M. Ericksona et al. (2016). Dinosaur incubation periods directly determined from growth-line counts in embryonic teeth show reptilian-grade development. www.pnas.org/cgi/doi/10.1073/pnas.1613716114

12 de marzo de 2017

GENÉTICA DE LAS DIFERENCIAS DE INTELIGENCIA

La inteligencia resulta ser el factor que mejor predice aspectos claves de la vida

LA INTELIGENCIA GENERAL es uno de los aspectos de la personalidad que más define a cada uno. Calificar o no a alguien de inteligente es uno de los factores que más influyen en la idea general que podamos hacernos de esa persona.

Sin embargo, aunque cuando nos presentan a alguien solemos darnos cuenta de inmediato de si es o no inteligente, no es fácil, ni siquiera para los más inteligentes, definir la escurridiza cualidad de la inteligencia. Para aclarar de qué estamos hablando aquí, diremos que el consenso actual define a la inteligencia como la capacidad de razonar, planificar, resolver problemas, pensar de forma abstracta, comprender ideas complejas, aprender rápido, y aprender de la experiencia. La inteligencia general se encuentra en el punto de convergencia de varias habilidades cognitivas que abarcan desde las capacidades verbales y espaciales a la memoria.

El estudio científico de la inteligencia es importante porque esta es el reflejo de procesos celulares y moleculares cerebrales, así como de la estructura anatómica fina de ciertas áreas del cerebro. Igualmente, el estudio de la inteligencia es importante desde el punto de vista social, ya que es el factor que mejor predice aspectos claves de la vida, como el éxito educativo y el estatus ocupacional. Es, por otra parte, una cualidad muy estable con la edad. Las personas con mayor inteligencia suelen disfrutar de mejor salud física y mental y sufren de menos enfermedades a lo largo de la vida.

La ciencia ha confirmado que desde el punto de vista genético la inteligencia es un rasgo complejo. Esto quiere decir que no depende de un gen, o de unos pocos, sino que depende del concurso de muchos genes, cada uno de los cuales ejerce un efecto pequeño. No existe el "gen de la inteligencia", pero sí "genes de la inteligencia".

La ciencia ha descubierto dos importantes propiedades de los rasgos complejos, como son la inteligencia y también la personalidad. La primera es que los rasgos complejos sufren de una considerable influencia genética. En otras palabras, el nivel general de inteligencia depende más de los genes que de otros factores no genéticos, como la educación. La segunda cualidad es que ningún rasgo complejo es heredable al 100%, es decir, siempre participan en ellos factores no genéticos.

Estas propiedades consiguen que no resulte nada fácil identificar los genes que influyen en la inteligencia, porque la influencia de genes individuales siempre será pequeña y, por consiguiente, difícil de medir. A pesar de estas dificultades, la investigación sobre esta área de la ciencia ha revelado cosas fascinantes.

INTELIGENTES DESCUBRIMIENTOS

Una de las revelaciones más sorprendentes es que el porcentaje de inteligencia que es heredable aumenta con la edad. Así, los estudios indican que mientras la parte heredable de la inteligencia es solo de un 20% en la infancia, este porcentaje aumenta hasta el 60% en la edad adulta. No resulta sencillo comprender por qué, pero lo cierto es que numerosos estudios confirman este punto. Es como si a lo largo de la vida los genes que afectan a la inteligencia se fueran manifestando con más fuerza a medida que nos desarrollamos como personas.

Otro punto demostrado por la ciencia es que existe una elevada correlación positiva entre todas las capacidades cognitivas que definen la inteligencia. Esto quiere decir que si alguien posee buenas habilidades verbales probablemente también las tendrá espaciales, será capaz de razonar bien, de resolver problemas, de pensar de forma abstracta, etc. Las capacidades cognitivas que definen la inteligencia no son independientes las unas de las otras, por lo que la sabiduría popular que califica a unos como listos y a otros como tontos parece tener su razón de ser.

Por último, un hecho muy sorprendente revelado por los estudios sobre la inteligencia es que el nivel de inteligencia de las parejas también muestra una fuerte correlación positiva. De hecho, las parejas coinciden más en su nivel de inteligencia que en otros rasgos de la personalidad. Esto quiere decir, por ejemplo, que el nivel de inteligencia en las parejas de hombres y mujeres es más similar que la altura, el peso, o el tipo de personalidad. Así, el nivel de correlación para la inteligencia es del 40%, mientras que el de la altura y el peso es solo del 20% y el de la personalidad general, de solo un 10%.

Lo anterior acarrea importantes consecuencias sobre el nivel de inteligencia de los hijos de esas parejas. Si las personas formaran parejas al azar, o basándose en otras preferencias que no fueran la inteligencia, como el atractivo físico, mujeres muy inteligentes podrían tener descendencia con hombres mucho menos inteligentes que ellas. Esto conduciría a que los niveles de inteligencia de los hijos se agruparían en niveles medios y no habría grandes diferencias de inteligencia entre la población.

Sin embargo, puesto que la inteligencia es un rasgo que se selecciona positivamente para formar parejas, lo más probable es que los hijos de mujeres inteligentes tengan también padres inteligentes. Puesto que la influencia de los genes sobre la inteligencia es muy elevada, como ya hemos dicho, esto quiere decir que estos niños tendrán una inteligencia superior a la media. El fenómeno contrario sucederá con los hijos de padres menos inteligentes.

El resultado de todo esto es la generación de una estratificación social natural, puesto que el nivel de inteligencia es el factor que más influye en la posición social que cada uno acaba por conseguir en la sociedad. Esta estratificación se incrementa generación tras generación hasta llegar a una situación de equilibrio.

La investigación continúa. Tengo pocas dudas de que lo que nos revele nos ayudará a comprendernos mejor a nosotros mismos y a aceptar y explicar ciertas situaciones que creemos resultado del efecto de fuerzas superiores, pero que no responden sino a las tendencias de nuestra propia naturaleza.

Referencia: R. Plomin and I.J. Deary. Genetics and intelligence differences: five special findings. Molecular Psychiatry (2015) 20, 98–108. http://dx.doi.org/10.1038/mp.2014.105

19 de marzo de 2017

GUERRA POR LOS ANTIOXIDANTES

Durante el desarrollo de una infección bacteriana, se genera una guerra feroz por los nutrientes

DEBIDO AL ENORME problema sanitario que supone la aparición de bacterias resistentes a los antibióticos, últimamente, la investigación en este campo está siendo bastante intensa, en particular sobre las especies bacterianas que se han convertido en resistentes a mayor variedad de ellos. Tal vez la especie bacteriana que muestra mayor capacidad de resistencia a los antibióticos sea *Staphiloccocus aureus.* Esta bacteria, que convive con al menos la mitad de la población mundial, está causando devastadoras infecciones en muchos lugares del mundo, en particular en aquellos con alta densidad de contacto humano y en los que las personas no se encuentran en óptimas condiciones, como puede ser el caso de las residencias de ancianos, hospitales o prisiones y ahora también los campos de refugiados.

Las investigaciones, sin embargo, han revelado que *S. aureus* no solo utiliza la resistencia a los antibióticos para sobrevivir y reproducirse, sino que emplea varios ingeniosos mecanismos para evadir la acción de las defensas, algunos de los cuales ya he descrito en esta sección (ver el artículo Muerte áurea, abajo, en referencias). Ahora, varios investigadores estadounidenses y británicos descubren aún otro interesante mecanismo de resistencia de esta bacteria que nada tiene que ver con los antibióticos, sino con la lucha por los antioxidantes. Veamos de qué se trata.

Es importante recordar que, durante el desarrollo de una infección bacteriana, tiene lugar una guerra feroz por los nutrientes. Las bacterias deben conseguir nutrientes del hospedador al que infectan, no hay otra posibilidad. Entre estos nutrientes adquieren vital importancia aquellos que se encuentran en menor cantidad, pero que son fundamentales para la vida, como son algunos átomos metálicos tales como el hierro y el manganeso. Un tercio de las proteínas bacterianas necesitan un átomo de metal para funcionar correctamente. Si el hospedador impide de alguna forma que las bacterias consigan esos átomos metálicos, las bacterias no podrán reproducirse y morirán. Por esta razón, nuestro organismo posee herramientas moleculares capaces de impedir que los átomos metálicos se fuguen del interior de las células, mientras que las bacterias ponen en marcha mecanismos de contraataque que intentan soslayarlos para conseguir esos metales, PRECIOSOS para su vida.

Por otra parte, estamos familiarizados, en general, con algunas de las acciones de nuestras defensas contra los microorganismos. Así, nadie se sorprenderá si mencionamos que las defensas poseen células que se comen a las bacterias (los fagocitos) y otras células (los linfocitos B) que generan anticuerpos contra ellas, los cuales se unen a su superficie y las neutralizan, y ayudan también a que los fagocitos las capturen. Sin embargo, puede resultar más sorprendente saber que los fagocitos no solo se comen a las bacterias, sino que producen una serie de moléculas superoxidantes que las atacan y las matan. Entre ellas, se encuentran el llamado superóxido, el óxido nítrico y el agua oxigenada.

UNO O EL OTRO

Ante la presencia de estos compuestos dañinos, las bacterias se defienden generando enzimas que los inactivan. Una de estas enzimas es la llamada *superóxido dismutasa*, que lo que hace es simplemente producir la dismutación, es decir, la separación e inactivación de las moléculas superoxidantes.

Nuestro propio organismo también genera superóxido dismutasa para inactivar los superoxidantes que produce en el proceso de lucha contra la infección. Curiosamente, la superóxido dismutasa no puede funcionar sin la incorporación en su estructura de un átomo de metal, que en nuestro caso suele ser el cobre o el zinc, pero que en el caso de las bacterias suele ser el manganeso. Por consiguiente, si el hospedador puede mantener a buen recaudo el manganeso, evitando que las bacterias lo capturen y, al mismo tiempo, produce adecuadas cantidades de moléculas superoxidantes, las bacterias estarán indefensas frente a ellas, pero nuestro organismo podrá defenderse de estas sustancias, ya que no requiere de manganeso para conseguirlo.

Por esta razón, la guerra por el control del manganeso es un aspecto fundamental para la defensa antibacteriana, en particular en el caso de infecciones por *S. aureus*. O eso se pensaba hasta ahora.

Resulta que esta bacteria posee no uno, sino dos genes para generar superóxido dismutasa. Se desconocía la razón, pero se sospechaba que tenía que ver con una mayor capacidad de esta bacteria para degradar las sustancias superoxidantes. En sus estudios, los investigadores confirman ahora que, en efecto, el segundo gen de la superóxido dismutasa de *S. aureus* hace a esta bacteria más resistente a la ausencia de manganeso.

La razón de esta mayor resistencia se desconocía, puesto que se creía que ambos genes de superóxido dismutasa producían enzimas que requerían manganeso para su funcionamiento, por lo que, en ausencia de manganeso, el segundo gen no debería generar ninguna ventaja adicional. Por este motivo, los científicos deciden estudiar si realmente las dos enzimas requieren manganeso para su funcionamiento.

Lo que encuentran se revela como una nueva y sorprendente capacidad de adaptación de esta bacteria. Mientras una de las enzimas requiere manganeso de manera exclusiva, la otra puede utilizar un átomo de hierro en ausencia del primero. El hierro, aunque sea menos eficaz para hacer funcionar al enzima, es más abundante en nuestro organismo que el manganeso y más fácil de conseguir. De este modo, *S aureus* posee un segundo mecanismo de defensa cuando el primero falla, si no puede obtener suficiente manganeso.

La existencia de esta enzima superoxido dismutasa que puede usar dos átomos metálicos diferentes se sospechaba, pero hasta ahora no había podido ser confirmada. Investigar la manera de bloquear su actividad puede ser una estrategia inteligente para frenar el, hasta ahora, imparable avance de esta bacteria.

Referencias: (1) García YM, et al. (2017) A Superoxide Dismutase Capable of Functioning with Iron or Manganese Promotes the Resistance of Staphylococcus aureus to Calprotectin and Nutritional Immunity. PLoS Pathog 13(1): e1006125. doi:10.1371/journal.ppat.1006125.
(2) Muerte áurea: https://jorlab.blogspot.com.es/2007/11/muerte-urea.html

26 de marzo de 2017

REPROGRAMACIÓN CELULAR ANTIDIABÉTICA

En estos días tan revueltos, un mal estilo de vida resulta más peligroso que unas malas condiciones económicas e higiénicas

LA DIABETES ES una de las enfermedades más prevalentes de la Humanidad. Se estima que, en 2015, alrededor de 415 millones de personas eran diabéticas. El número de muertes debido a esta enfermedad se calcula en cerca de cinco millones al año. Para hacerse una idea de la magnitud del problema, podemos comparar estas cifras con las muertes causadas por la malaria, una de las enfermedades infecciosas igualmente más prevalentes. Esta enfermedad, para la que aún se carece de vacuna eficaz, "solo" acaba con la vida de alrededor de 425.000 personas al año. En estos días tan revueltos, un mal estilo de vida resulta más peligroso que unas malas condiciones económicas e higiénicas.

Y es que el 90% de los casos de diabetes lo son de tipo 2, el cual se caracteriza por el desarrollo de resistencia a la acción de la insulina, resistencia que impide que las células incorporen la glucosa del medio exterior. Las células beta del páncreas, las únicas productoras de insulina del organismo, intentan compensar esta resistencia con la producción de mayores cantidades de insulina, lo que al final acaba por dañarlas y que dejen de producir esta hormona o mueran, exacerbando la enfermedad. La mala alimentación, el sedentarismo y el abuso de alcohol y de tabaco son las principales causas de esta situación.

El tratamiento de la diabetes requiere de inyecciones de insulina o de medicación que mejore o supla la acción de esta hormona. Sin embargo, el tratamiento no supone una cura. Hoy por hoy, la diabetes es una enfermedad incurable, en particular la diabetes de tipo 1, ya que en este caso las células beta del páncreas han sido completamente eliminadas por el ataque del propio sistema inmune del paciente, que ha confundido a las células del páncreas con organismos extraños y los ha eliminado.

Por consiguiente, la cura de la diabetes solo es posible mediante la implantación o generación de células capaces de producir insulina de manera acorde con las fluctuaciones de glucosa que se producen como resultado de los periodos de alimentación diarios. Las células productoras de insulina deben producirla en cantidades adecuadas a los niveles de glucosa en sangre.

Una de las estrategias que se ha investigado para intentar generar nuevas células pancreáticas productoras de insulina ha sido la manipulación de las células madre de modo que estas se desarrollen hacia ese tipo de células adultas. Por el momento, esta estrategia ha producido resultados limitados. La diabetes solo ha podido ser paliada de este modo en animales de laboratorio.

REPROGRAMACIÓN GENÉTICA

La manipulación de las células madre no es la única estrategia posible. Otra atractiva posibilidad es la manipulación de células adultas. Las razones por las que esta posibilidad es atractiva son varias. En primer lugar, existe una abundancia de células adultas que permite conseguir muchas de ellas para su manipulación. En segundo lugar, afortunadamente no todas las células adultas son tan diferentes unas de otras. A lo largo del proceso de desarrollo embrionario que va generando las diferentes células del organismo, algunas de ellas se diferencian de las otras en una etapa tardía, por lo que su relación genética con otras es cercana. Esto significa que podría ser fácil convertir según qué células en según qué otras.

Este podría ser el caso de las células pancreáticas beta productoras de insulina y las células hepáticas. Ambas proceden de una célula precursora común. Además, las células hepáticas poseen un alto poder regenerativo, por lo que su programación genética es favorable a dicha regeneración y pueden reproducirse bien en condiciones favorables.

Recordemos que todas las células de un organismo poseen el mismo genoma, es decir, la misma información genética. La diferencia entre unas células y otras reside, por tanto, en qué información usan y qué información mantienen sin usar. Por consiguiente, si pudiéramos forzar que una célula hepática dejara de usar la información genética que la convierte en una célula hepática y comenzara a usar la información genética que la convertiría en una célula pancreática productora de insulina, tal vez pudiéramos conseguir curar la diabetes por medio de una transformación celular.

Investigadores del Centro Max Delbrück de Medicina Molecular decidieron estudiar esta posibilidad. Hace unos años, el análisis de los genes que se encontraban funcionando en las células embrionarias precursoras de las células hepáticas y pancreáticas reveló la presencia de una proteína que controla el funcionamiento de numerosos otros genes. Esta proteína, llamada TIGF2, funciona en niveles elevados en las células que se convierten en pancreáticas, pero deja de funcionar en las células que se convierten en hepáticas.

Ahora, los investigadores estudian si forzar el funcionamiento de TIGF2 en células hepáticas las podría convertir en pancreáticas. Mediante técnicas de biología molecular, introducen este gen en células hepáticas y observan que estas comienzan en efecto a sufrir una transformación: empiezan a parecerse ahora a las células pancreáticas desde el punto de vista de los genes que funcionan en ellas y de los genes que dejan de hacerlo. No obstante, no se puede decir que se hayan convertido en células beta hechas y derechas.

Sin embargo, la transformación no termina aquí. Si estas células semitransformadas se trasplantan al páncreas de animales diabéticos, el ambiente celular de este páncreas conduce a un progreso mayor hacia células beta productoras de insulina, si bien no se consigue aún por completo esta trasformación.

Estos estudios, publicados en la revista *Nature Communications*, ofrecen una nueva estrategia para avanzar hacia la deseada cura para la diabetes, la cual salvaría millones de vidas cada año. Poco a poco, la ciencia se acerca a la promesa de vencer a esta enfermedad.

Referencia: Nuria Cerdá-Esteban, el al. Stepwise reprogramming of liver cells to a pancreas progenitor state by the transcriptional regulator Tgif2. http://www.nature.com/articles/ncomms14127

2 de abril de 2017

MEDITACIÓN RATONIL INDUCIDA POR LÁSER

La zona del cerebro probablemente implicada en los efectos de la meditación es el córtex anterior cingulado

A LO LARGO de la historia de la Humanidad, se han generado tantas y tan grandes mentes, no siempre todas debidamente reconocidas, que es difícil creer que cualquier cosa sencilla de llevar a cabo que pudiera beneficiar el bienestar personal o social haya podido pasar desapercibida. Una de estas cosas sencillas y beneficiosas que no ha pasado desapercibida, la ciencia lo confirma ahora, es la meditación.

La meditación se ha realizado desde tiempo inmemorial, normalmente asociada a una actividad o actitud religiosa. Philo de Alejandría, allá por el año 20 antes de Cristo, ya había escrito acerca de "ejercicios espirituales" que involucraban atención y concentración. Todas las religiones del mundo emplean de una forma u otra la meditación, supuestamente como forma de comunicarse con Dios o con el "interior de la persona". Aunque cada una de ellas puede usar distintas técnicas meditativas, es cierto que todas estimulan la concentración de alguna manera, ya sea mediante la técnica de contar las perlas de un rosario o de concentrarse en la respiración o los latidos del corazón.

Al parecer, quienes practican la meditación informan de que esta ejerce efectos beneficiosos. Como con todo lo que las diferentes personas han observado y experimentado, desde avistamientos de extraterrestres a bailes de las abejas, la actividad científica –en mi opinión, el descubrimiento que mayor bienestar personal y social ha generado– no acepta sin más las informaciones individuales, que pueden estar falseadas por diversos sesgos, deseos o incluso enfermedades mentales, sino que intenta establecer si algo es real o no mediante observaciones y experimentos controlados. Lo que es más: en el caso de que una observación se revele falsa intenta aportar explicaciones racionales a por qué determinadas personas han creído experimentarla.

Recientemente, los supuestos efectos de la meditación se han estudiado de manera científica para comprobar si son reales o no. Y bien, los estudios realizados hasta ahora indican que, en efecto, lo son. Se ha demostrado que un mes de meditación integrada cuerpo-mente, (un tipo particular de meditación en la que se intenta incrementar la autoconciencia) reduce la ansiedad y los niveles en sangre de cortisol (la hormona del estrés), incrementa la actividad de un área del cerebro, el córtex anterior cingulado (CAC), e incluso modifica la materia blanca (es decir, las comunicaciones neuronales) en las zonas que rodean el CAC. Igualmente, la meditación puede modificar las ondas cerebrales llamadas theta que aparecen en un electroencefalograma, incluso cuando ya no se está meditando.

NEURONAS Y MEDITACIÓN

Una vez que se ha confirmado que un fenómeno es real, la ciencia necesita igualmente establecer cómo funciona y en qué se basa. Las observaciones anteriores sugieren que la zona del cerebro probablemente implicada en los efectos de la meditación es el CAC. Por consiguiente, si fuera posible estimular esa zona cerebral de alguna forma, independientemente de la meditación, y analizar los efectos que dicha estimulación causa, podríamos confirmar o refutar si los efectos de la meditación son mediados por la actividad de las neuronas del CAC. El problema es: ¿cómo estimulamos a las neuronas de CAC de manera independiente de la meditación y sin estimular a otras neuronas en el proceso?

Una nueva tecnología de biología molecular ha permitido proporcionar la respuesta a esta difícil pregunta. Se trata de la optogenética. Esta técnica persigue generar animales transgénicos con genes que solo funcionen en determinadas neuronas, pero no en otras. Los genes introducidos en los genomas de esos animales producen proteínas artificiales sensibles a la luz, pero solo en las neuronas elegidas por los investigadores, las cuales pueden ahora ser estimuladas por una luz láser de una determinada frecuencia. Al recibir el impulso luminoso, las proteínas activan o inhiben a las neuronas donde se encuentran. De esta manera, podemos generar animales que produzcan proteínas estimuladoras o inhibidoras en respuesta a la luz solo en las neuronas del CAC, estimular o inhibir a estas neuronas con luz láser (que atraviesa el delgado cráneo de los ratones) en animales vivos, y estudiar los efectos de esa estimulación o inhibición.

Los ratones de laboratorio meditan incluso menos que el silbato de un árbitro, por lo que los investigadores confían en que los resultados de sus experimentos no serán influidos por ensimismamientos ratoniles insospechados durante las largas noches que estos animales pasan encerrados en sus jaulas. Los científicos utilizan tres tipos de ratones "optogenetizados": uno en el que la luz estimula a las neuronas del CAC; otro en el que la luz inhibe la actividad de esas neuronas; y otro que produce una proteína neutra que, al ser estimulada por la luz, ni activa ni inhibe a las neuronas. Estos últimos animales son usados como grupo control, con el que se comparan los efectos observados en los otros dos grupos de animales.

Los resultados de estos experimentos indican que la estimulación, pero no la inhibición, de las neuronas de CAC disminuye la ansiedad de los animales, determinada por un conjunto de pruebas estandarizadas que se emplean con este propósito. La disminución de la ansiedad depende de la frecuencia con la que se estimula a las neuronas del CAC. Esta disminución es más pronunciada si los pulsos de estimulación se administran a uno por segundo, o a ocho por segundo.

Así, pues, la tecnología permite hoy inducir efectos similares a los de la meditación en animales que no meditan. Lo importante, obviamente, no es esto, sino que estos estudios, primero, proporcionan una base neuronal, y no espiritual, a los efectos de la meditación y, segundo, que abren la posibilidad de utilizar animales como modelo para estudiar los efectos de otras formas de entrenamiento mental efectuadas por nosotros los humanos.

Referencia: Aldis P. Weiblea, et al. (2017). Rhythmic brain stimulation reduces anxiety-related behavior in a mouse model based on meditation training. www.pnas.org/cgi/doi/10.1073/pnas.1700756114

9 de abril de 2017

LA INTELIGENCIA DEL ABEJORRO

Los insectos pueden memorizar determinadas condiciones que generan una recompensa o un castigo.

EN OCASIONES ANTERIORES, he manifestado mi admiración por los insectos. A pesar de que la mayoría de ellos tienen cerebros poco mayores que los de un mosquito, como es obvio, no por ello dejan de manifestar complejas conductas en su medio natural.

El sofisticado sistema nervioso de los insectos ya fue remarcado por Santiago Ramón y Cajal, nuestro premio Nobel de ciencia más auténticamente español, y van de eso ya 111 años. Duele la ciencia en España. Don Santiago se atrevió a comparar los sistemas nerviosos de insectos y animales en apariencia más evolucionados, para constatar que el sistema nervioso de los primeros se comparaba al de los segundos como un reloj de pulsera se compara a uno de pared. El primero es una maravilla de diseño, miniaturización y precisión comparado con el segundo, y ambos cumplen perfectamente la función de dar la hora.

No obstante, durante mucho tiempo, se supuso que, debido al pequeño sistema nervioso de los insectos, estos no eran capaces de un verdadero aprendizaje. El comportamiento de estos animales parecía estereotipado y determinado por sus genes desde el nacimiento, y era, por consiguiente, instintivo en su totalidad.

Sin embargo, varios estudios han revelado que numerosas especies de insectos son capaces de una notable plasticidad en su comportamiento, es decir, pueden adaptarlo a las condiciones externas, lo que supone una cierta capacidad de aprendizaje. Las investigaciones han demostrado que los insectos pueden memorizar situaciones que generan una recompensa o un castigo, y utilizar estos recuerdos más tarde para conseguir la recompensa o evitar el castigo. No obstante, este tipo de aprendizaje no sería muy diferente del conocido reflejo condicionado, hecho célebre por los estudios de Pavlov y sus famosos perros.

Investigaciones más recientes han revelado, sin embargo, que algunas especies de insectos son aparentemente capaces de un aprendizaje más sofisticado. Pueden, por ejemplo, adquirir el concepto de cantidad numérica simple, comprender ciertos conceptos no numéricos, o aprender a hacer algo tras observar el comportamiento de otros miembros de su especie. Lamentablemente, estos estudios se han realizado haciendo llevar a cabo a los insectos tareas que son similares a las que estos animales realizan en la Naturaleza, por lo que queda aún la duda de si realmente este aprendizaje se ha producido de manera completamente independiente del instinto innato con el que cuentan.

APRENDER LO NUNCA VISTO

Para intentar evitar estos sesgos en la investigación del comportamiento de los insectos, investigadores de la Universidad Queen Mary de Londres realizan unos fascinantes estudios con abejorros, cuyos resultados publican en la revista *Science*. En ellos, los investigadores demuestran que estos animales son capaces de resolver un problema en aras de conseguir un objetivo, una capacidad cognitiva que anteriormente solo se atribuía a mamíferos y aves, y que estos estudios extienden ahora también a los insectos.

Los investigadores comienzan por enseñar a unos abejorros que deben mover una bola desde el extremo de una plataforma hasta su centro si desean acceder a un líquido azucarado como recompensa. Para ello, exponen a los abejorros a diferentes localizaciones de la bola, de manera que solo aquellas ocasiones en las que la bola está localizada en el centro conducen a acceder a la dulce recompensa. En una segunda fase del entrenamiento, abejorros de plástico son empleados para mostrar a los abejorros de verdad que deben mover las bolas. De esta manera, estos aprenden a mover la bola al centro de la plataforma, lo que les conduce a su recompensa.

Huelga decir que jamás los abejorros en la Naturaleza deben mover bolas en plataforma alguna para acceder al néctar de las flores. Esta tarea es, por consiguiente, absolutamente nueva para estos animales. A pesar de lo novedoso de la misma, todos los abejorros aprendieron a mover la bola al centro de la plataforma.

Los investigadores, no obstante, no se conformaron con esto. A continuación, utilizaron tres grupos de abejorros no entrenados para evaluar la eficacia de su aprendizaje en tres escenarios diferentes. En el primero, abejorros anteriormente entrenados para mover las bolas mostraban este comportamiento aprendido a congéneres no entrenados. Este escenario es de naturaleza claramente social. En el segundo escenario, la bola era movida mediante un imán que se desplazaba, a su vez, por debajo de la plataforma, fuera de la vista de los incautos abejorros. Este "escenario fantasma", propio de alguna película de Tom Cruise (quien, sorprendentemente, no fue consultado para realizar estos estudios), evita la interacción social entre los abejorros. En el tercer escenario, la bola estaba ya localizada en el centro, por lo que no era posible que los abejorros aprendieran nada.

Durante las sesiones de aprendizaje de los dos primeros grupos, se emplearon tres bolas idénticas emplazadas en distintos puntos de la plataforma. Las dos más próximas al centro se encontraban pegadas con pegamento, y no podían ser movidas, ni siquiera por los abejorros más forzudos. Era pues la bola más alejada la única que podía moverse hacia el centro de la plataforma.

Tras este periodo de aprendizaje por observación, los tres grupos de abejorros tuvieron la oportunidad de demostrar si habían aprendido algo (siempre acaba por llegar la hora del examen, hasta para los abejorros). En efecto, así fue. Los abejorros del grupo que había observado a otros abejorros fueron capaces de resolver la tarea en menos tiempo y más eficazmente que los del grupo que había visto la bola moverse "sola". No obstante, este grupo aprendió a mover a bola correcta al centro antes que el grupo que solo había visto la bola situada en el centro, sin moverse.

Estas curiosas investigaciones demuestran que algunos insectos poseen una inteligencia hasta ahora insospechada. Pensemos en ello antes de utilizar insecticidas con demasiada alegría.

Referencia: Olli J. Loukola et al. (2017). Bumblebees show cognitive flexibility by improving on an observed complex behavior. SCIENCE. 24 FEBRUARY 2017 • VOL 355 ISSUE 6327

16 de abril de 2017

TRASTORNO EXPLOSIVO INTERMITENTE

Este hoy considerado trastorno del control de los impulsos se caracteriza por explosiones de ira y agresividad desproporcionadas

UNA DE LAS razones por las que creo que muchas personas desconfían de la ciencia es por la inefable manera en que esta va minando las ideas más preciadas sobre la naturaleza humana, es decir, sobre lo que creemos acerca de nosotros mismos. Nuestro libre albedrío, nuestra responsabilidad, nuestra supuesta alma inmortal, la superioridad del ser humano sobre el resto de la Naturaleza son ideas que a muchos nos han comunicado desde la infancia, las cuales abrazamos porque reconfortan. Sin embargo, la ciencia moderna, o sea, la razón, que también es humana, se encarga, poco a poco, de irlas destruyendo.

Un ejemplo de lo que pretendo decir es el llamado trastorno explosivo intermitente. Este hoy considerado trastorno del control de los impulsos se caracteriza por explosiones de ira y agresividad desproporcionadas frente a la situación que las desencadena, como puede ser un penalti mal pitado, o que se rompa un plato. Las explosiones de ira no son premeditadas, y no persiguen propósito alguno que beneficie al que las manifiesta.

¿Qué es lo que origina este impredecible comportamiento agresivo, que puede ser tanto verbal como físico, frente a situaciones sin importancia? Los estudios realizados hasta la fecha con algunas de las decenas de millones de personas afectadas por este trastorno en el mundo, indican que estas sufren de un anormal metabolismo de la serotonina. La serotonina es uno de los principales neurotransmisores del sistema nervioso y sus niveles están asociados generalmente a sensaciones de bienestar y felicidad. No es, por consiguiente, sorprendente que quienes no gozan de niveles normales de este neurotransmisor puedan sufrir de un estado de ánimo que les conduzca a explosiones de ira.

En general, un metabolismo defectuoso de cualquier molécula de nuestro organismo deriva de una enzima anómala implicada en ese metabolismo, ya que la práctica totalizad de las reacciones bioquímicas están posibilitadas por la acción de estos catalizadores enzimáticos. A su vez, una enzima defectuosa supone algún tipo de defecto en el gen que permite su producción en las células. En conclusión, este trastorno explosivo y agresivo depende de una anomalía en uno o más genes implicados en la producción o la degradación de la serotonina.

Las investigaciones actuales apuntan a que uno de los genes responsables de este trastorno es que produce la enzima llamada triptófano hidroxilasa. El triptófano es un aminoácido, componente de las proteínas que ingerimos en la alimentación (el huevo, el pescado y el queso son particularmente ricos en él), el cual es la molécula precursora de la serotonina. La primera reacción química conducente a la generación de serotonina a partir de triptófano es la catalizada por esta enzima. Obviamente, si la triptófano hidroxilasa no funciona como debiera, la cantidad de serotonina producida no será suficiente para generar una sensación de bienestar adecuada. Por supuesto, una deficiencia de triptófano en la alimentación podría por ello, tal vez, afectar a nuestro mal genio.

EN BUSCA DE LA FELICIDAD

Es obvio que, de no ser por la investigación científica y médica, cuyos descubrimientos hemos esbozado arriba, los pacientes de este trastorno no serían hoy pacientes, sino simplemente malas personas, encarnaciones del mal que tal vez deberíamos condenar y encerrar. De hecho, me temo que para la mayoría de las personas esto sigue siendo aún así, además de por simple ignorancia, por la sencilla razón de que aceptar que una mala conducta deriva de un trastorno de algunos mecanismos cerebrales implica que una buena conducta tampoco deriva de nuestra elección libre, sino del mero funcionamiento normal de esos mecanismos. Ser buena o mala persona no sería diferente de que el hígado o el corazón funcionen bien o mal, aunque, en este caso, el órgano implicado sea el cerebro.

En todo caso, hay pocas dudas de que estas personas son percibidas por el resto, cuando menos, como problemáticas y conflictivas. Obviamente ellas lo saben, lo que probablemente aumenta su sensación de infelicidad e inadaptación social.

La mayoría de las personas tienden a escapar de una situación desagradable mediante diferentes estrategias. Ante la imposibilidad de controlar su conducta impulsiva a pesar de sus esfuerzos, los pacientes de trastorno impulsivo intermitente pueden ser susceptibles de caer víctimas del abuso de drogas o alcohol, como compensación a los bajos niveles de serotonina que poseen.

En efecto, un estudio realizado por investigadores de la Universidad de Chicago con 9.282 personas afectadas de este trastorno revela que cuanto mayores son los episodios de enfado e ira, mayor es la probabilidad de que estos pacientes abusen del alcohol y las drogas. Este comportamiento adictivo no está relacionado con otras causas, como la ansiedad o la depresión, sino que parece ser totalmente dependiente de la intensidad del trastorno impulsivo intermitente.

¿Cómo sabemos que es el trastorno explosivo el que conduce al consumo de drogas y no el consumo de drogas el que conduce a una mayor agresividad? Y bien, resulta que las primeras manifestaciones de agresividad en estas personas suceden en la infancia, mucho antes de que puedan tener acceso a drogas o a bebidas alcohólicas, por lo que no es el consumo de drogas lo que las hace más agresivas, sino su incapacidad para controlar su agresividad y malestar la que les conduce a las drogas.

Además del interés puramente científico y médico, estos datos nos deberían hacer reflexionar sobre si la solución a ciertos problemas de agresividad debe siempre necesariamente pasar por la justicia, y no por tomar mejores medidas de salud pública, en este caso de salud mental.

Referencia: Emil F. Coccaro, et al. (2017). Intermittent Explosive Disorder and Substance Use Disorder: Analysis of the National Comorbidity Survey Replication Sample. J Clin Psychiatry 2017. 10.4088/JCP.15m10306.
http://www.psychiatrist.com/jcp/article/Pages/2017/aheadofprint/15m10306.aspx

23 de abril de 2017

LA FLORA CULPABLE

Esta enfermedad, hoy por hoy, no tiene cura, lo que no es de extrañar si consideramos que no se conoce su causa

PUEDE PARECER INCREÍBLE, pero en pleno siglo XXI aún no se conoce la causa de todas las enfermedades, algunas incluso muy comunes. Una de estas es la conocida por el nombre de síndrome del intestino irritable (SIR). Es probable que no haya usted oído este nombre antes. La razón puede ser porque los que sufren de esta enfermedad no dirán a sus familiares que tienen el intestino irritable. Dirán, en cambio, que tienen diarrea o, al contrario, estreñimiento y dolor de vientre. Y es que estos son los síntomas más frecuentes de este síndrome, que, además, suele ir acompañado de un estado de ansiedad superior al que ya es normalmente elevado en este mundo en que vivimos.

El SIR es una enfermedad frecuente: entre un 10% y un 15% de las personas que habitan los países desarrollados la sufren, lo que hace difícil no conocer a alguna de ellas. Además, las mujeres sufren de SIR con una frecuencia doble de la de los hombres, y la enfermedad es más frecuente en jóvenes que en personas de mayor edad, lo que no deja de resultar curioso.

Esta enfermedad, hoy por hoy, no tiene cura, lo que no es de extrañar si consideramos que no se conoce su causa. El tratamiento de este síndrome, por tanto, se realiza intentando eliminar o minimizar los síntomas. Así, se han probado cambios en la dieta, medicamentos antidiarreicos o, al contrario, laxantes, dependiendo del síntoma que se manifieste en un paciente concreto, y también fármacos antidepresivos o ansiolíticos para disminuir los niveles de ansiedad asociados. Por desgracia, todas estas estrategias terapéuticas tienen una utilidad limitada.

Como no debe resultar sorprendente para nadie, conocer la causa de las enfermedades, en ocasiones, aunque no siempre, puede ayudar a encontrar una cura. Cuando la causa de una enfermedad no se conoce, los científicos y médicos aventuran diversas hipótesis que más tarde intentan confirmar con experimentos u observaciones.

En el caso del SIR, las hipótesis emitidas han sido variadas. La enfermedad se ha achacado a un crecimiento anormalmente elevado de la flora bacteriana, a factores genéticos, a sensibilidad a determinados alimentos, o a problemas de motilidad intestinal. Ninguna de estas hipótesis ha podido ser confirmada.

No obstante, las evidencias que la investigación ha ido consiguiendo apuntan a que una probable causa de la enfermedad es algún tipo de desequilibrio en la flora intestinal. Quizá algunas especies de bacterias prevalezcan sobre otras en la flora intestinal de los pacientes de SIR.

RATONES AL RESCATE

Uno de los problemas para confirmar esta hipótesis es que no es suficiente con analizar las especies bacterianas que pueblan la flora intestinal de pacientes de SIR y de personas sanas para comprobar si, en efecto, existen diferencias. Incluso si las hubiera, esto no probaría que la enfermedad se debe a ellas, ya que estas diferencias podrían deberse a otras causas como, por ejemplo, a los distintos tipos de alimentación de cada persona.

Por esta razón, para probar que las especies bacterianas de la flora causan la enfermedad sería necesario extraer estas bacterias de pacientes de SIR y transferirlas a personas sanas. Si estas desarrollan la enfermedad de este modo, esto sí probaría que la enfermedad estaría causada por las bacterias de la flora.

Evidentemente, ante una enfermedad que no tiene cura, no sería ético utilizar este procedimiento con voluntarios sanos, ni siquiera si estos consintiesen a cambio de una suma de dinero, pongamos por caso. Afortunadamente, existen alternativas para transferir la flora intestinal de pacientes de SIR a sujetos sanos y comprobar si estos enferman. Todo lo necesario es que los sujetos sanos no sean humanos, sino, por ejemplo, ratones de laboratorio.

Cierto, es posible que la flora intestinal de los pacientes de SIR transferida a los ratones no ejerza sobre ellos efecto alguno. Al fin y al cabo, se trata de ratones, que no suelen ver los informativos, leer los periódicos, o comer comida rápida. Sin embargo, en el caso de que estos comenzaran a sufrir de un síndrome similar al SIR, esto constituiría una sólida evidencia en apoyo de que esta enfermedad está causada por la flora intestinal.

Investigadores de la Universidad de Ontario, en Canadá, utilizan ratones a los que se hace nacer en condiciones de esterilidad total, y que carecen de flora intestinal, para transferirles bacterias de la flora intestinal extraídas bien de heces de pacientes de SIR (con o sin ansiedad añadida) bien de personas sanas. La flora intestinal de cada paciente o persona sana fue transferida a diez ratones, que luego fueron sometidos a diversos estudios.

Tres semanas tras la transferencia, los animales que habían recibido flora intestinal de pacientes de SIR mostraron mayor motilidad intestinal y mayor permeabilidad del intestino a los fluidos que los ratones que habían recibido flora de personas sanas. Además, el perfil metabólico de los ratones ahora enfermos de SIR había cambiado con respecto al de los ratones que habían recibido flora intestinal de personas sanas. Por último, pruebas estandarizadas cuyo propósito es determinar el nivel de ansiedad de los ratones de laboratorio demostraron que los que habían recibido flora de pacientes de SIR afectados de ansiedad sufrían de niveles más elevados de esta, frente a los ratones que habían recibido flora de pacientes de SIR no ansiosos, o de personas sanas.

Estos estudios, por tanto, apuntan a que la causa del síndrome de intestino irritable es la composición anómala de las bacterias de la flora intestinal. Esto puede ayudar a encontrar una cura para esta frecuente enfermedad mediante la correcta modificación de la flora de estos pacientes. El conocimiento siempre puede ser de utilidad.

Referencia: Giada De Palma et al. Transplantation of fecal microbiota from patients with irritable bowel syndrome alters gut function and behavior in recipient mice. Science Translational Medicine 01 Mar 2017. Vol. 9, Issue 379, DOI: 10.1126/scitranslmed.aaf6397. http://stm.sciencemag.org/content/9/379/eaaf6397

30 de abril de 2017

EL NACIMIENTO DE LOS ORGANOIDES

Se ha intentado hacer crecer no ya células individuales sino conjuntos de células que puedan organizarse de manera similar a un órgano

LA POSIBILIDAD DE crecer células en frascos de laboratorio (lo que se denomina cultivo celular) ha sido, sin duda, uno de los avances más importantes para las ciencias biológicas. Son incontables los descubrimientos realizados gracias a esta tecnología, que hoy se utiliza en la práctica totalidad de los laboratorios biomédicos del mundo.

Esta tecnología permite mantener vivas en frascos de plástico células de diversos órganos o tejidos, o células cancerosas, que crecen y se reproducen en un medio nutritivo adecuado para cada tipo celular. Esto ha permitido estudiar la biología celular y molecular como nunca había podido ser estudiada antes y, al mismo tiempo, probar el efecto de numerosos fármacos sobre las células antes de probarlos en animales y en el ser humano.

Sin embargo, el cultivo celular sufre de ciertas limitaciones. Esta técnica solo permite cultivar, bien células adheridas a una superficie plástica, las cuales crecen formando una capa de una sola célula de espesor, bien células flotantes en el medio líquido nutritivo. Evidentemente, no es así como se encuentran las células de un órgano, las cuales, en primer lugar, son de varios tipos, y no de uno solo como sucede en general en los cultivos celulares y, en segundo lugar, se organizan para dar lugar a complejas estructuras tridimensionales.

Algunas enfermedades pueden producirse por una incorrecta organización de las células en un órgano o tejido. Este tipo de problemas es importante en el sistema nervioso, por ejemplo, sistema que para su funcionamiento requiere de una correcta organización y conexión de una miríada de células en un espacio tridimensional. En todo caso, la correcta organización celular es necesaria en cualquier órgano que se precie. Cómo se produce esta organización y qué factores la afectan no puede ser estudiado con las técnicas clásicas de cultivo celular.

Por estas y otras limitaciones, se ha intentado conseguir hacer crecer no ya células individuales sino conjuntos de células que puedan organizarse en tres dimensiones de manera similar a un órgano, aun en un frasco de cultivo. Desde hace unos pocos años, esto se ha conseguido mediante la generación en el laboratorio de los llamados organoides.

Un organoide es una versión miniaturizada y simplificada de un órgano que puede producirse y desarrollarse en un frasco de laboratorio. Los organoides manifiestan algunas de las características propias del tejido u órgano del que derivan. Así, por ejemplo, pueden mostrar las vellosidades propias del intestino, o incluso los pliegues del córtex cerebral.

COMO UNA ESPONJA

La investigación moderna en organoides es reciente y deriva de la posibilidad de aislar o generar células madre en el laboratorio, ya sean embrionarias, adultas, o inducidas mediante manipulación genética. Puestas en un medio nutritivo y tratadas con diferentes agentes inductores, las células madre pueden comenzar a reproducirse y a madurar, diferenciándose unas de las otras y generando los diferentes tipos de células de un órgano determinado, las cuales se organizan solas para dar lugar a las estructuras anatómicas propias de ese órgano. Incluso pueden también realizar algunas de las funciones particulares de dicho órgano, como la contracción, si es un músculo, o la secreción de sustancias, si es una glándula.

La extraordinaria capacidad de auto-organización de las células se conoce desde hace más de un siglo, gracias a los trabajos pioneros de Henry Van Peters Wilson, profesor en la Universidad de Carolina del Norte, quien, en 1907, demostró que las células de las esponjas de mar, tras ser disgregadas por medios mecánicos, como el paso por un fino filtro, pueden volver a reunirse y a organizarse de manera que regeneran otra esponja. Cómo hacen las células para reorganizarse de este modo no es completamente conocido todavía.

La posibilidad de que de una sola célula del cuerpo se generen varios tipos que se organizan mejor o peor en forma de pseudo-órganos se conoce desde el descubrimiento de los teratomas. Son estos un tipo de tumor, generalmente benigno, formado por varias clases celulares que generan tejidos similares a los normales, pero en lugares completamente inapropiados. Así, se han observado teratomas que contienen pelo, dientes, o huesos, o incluso materia cerebral o de los ojos. En algunos casos, los teratomas pueden adquirir la forma de quistes rellenos de un líquido en cuyo interior se desarrolla una masa celular similar a la de un feto. Espeluznante.

La investigación ha revelado que los teratomas provienen de la trasformación en tumorales de células madre pluripotentes, es decir, aquellas capaces de diferenciarse a varios tipos de células adultas. Estas y otras observaciones fueron las que espolearon a numerosos científicos a intentar generar estructuras similares a los órganos y tejidos normales en el laboratorio a partir de la manipulación de células madre normales. La investigación en este campo se ha acelerado a partir de 2010 y en esta década ha alcanzado una cierta madurez. De hecho, la revista científica *Development* dedica un número especial a los organoides, de los que, en la actualidad, se han conseguido generar de una variedad de órganos, que incluyen hígado, páncreas, estómago, corazón, riñón o incluso glándula mamaria o salivar.

Son muchas las aplicaciones que los organoides hacen posibles. En primer lugar, posibilitan el estudio del desarrollo de los órganos de manera similar a la que el cultivo celular permite el estudio de las células. No obstante, las aplicaciones van ya más allá y algunos hospitales son ya capaces de generar organoides intestinales a partir de células de los pacientes de la enfermedad de la fibrosis cística para probar sobre estos organoides si determinados fármacos van o no a resultar eficaces para el tratamiento. Es de esperar que estas nuevas tecnologías biomédicas también resulten pronto en mejores tratamientos para otras enfermedades.

Referencia: Special Issue on Organoid. Developement (2017) http://dev.biologists.org/content/144/6

7 de mayo de 2017

LA TÓMBOLA DEL CÁNCER HA SIDO CONFIRMADA

La mayor proporción de mutaciones que causan el cáncer se producen al azar

EN MI OPINIÓN, algunos descubrimientos científicos, aun realizados en el siglo XXI, siguen incomodando ciertas ideas preconcebidas sobre la naturaleza humana, el destino de cada uno, o el sentido de la vida. Curiosamente, el sentimiento de incomodidad no se genera solo en personas con escasos conocimientos científicos, inclinadas a rechazar las ideas que no le interesan, sino que afecta también a los propios científicos en el campo en el que el descubrimiento se ha realizado. En estas condiciones, el debate está garantizado, aunque este no se genere solo por causas puramente científicas, sino también emocionales. Y es que, en el fondo, no hay nada que amemos más que las ideas que creemos nuestras, aunque, en realidad, no hayan sido sino implantadas en nuestros cerebros por otros.

Uno de estos incómodos descubrimientos se realizó hace algo más de dos años y de él hablé en esta sección (ver artículo, abajo, en referencias). Los investigadores Cristian Tomassetti y Bert Vogelstein publicaron un estudio en la prestigiosa revista *Science* con datos muy sólidos, los cuales indicaban con bastante claridad, que la mayoría de los cánceres se producía por mutaciones generadas al azar durante la división de las células madre de los diferentes órganos.

Recodemos que el cáncer es una enfermedad de origen genético. Sin mutaciones en algunos genes que controlan la división de las células de nuestro organismo el cáncer no se produciría. Estas mutaciones son necesarias, pero no son suficientes para el desarrollo de los tumores. No todas las células mutadas en genes potencialmente carcinógenos van a generar un cáncer: algunas pueden ser eliminadas, por ejemplo, por el sistema inmune. Sin embargo, lo que es indudable es que, si finalmente el cáncer se produce, las células que lo forman poseen mutaciones.

Existen varias posibilidades para que las mutaciones se generen. Una posibilidad es que algún contaminante del entorno, o incluso alguna sustancia oxidante producida en el propio metabolismo celular que no haya podido ser neutralizada correctamente, modifique químicamente al ADN. Otra posibilidad, que no excluye la primera, es que la mutación se produzca al azar, aparentemente sin causa alguna, simplemente derivada de la propia imperfección inherente a cualquier proceso celular, en particular, de la imperfección inherente al proceso de copia del ADN.

AZAR ASESINO

¿Cómo se producen las mutaciones que generan cáncer? En su estudio inicial, los investigadores encuentran que la mayor proporción de mutaciones que causan el cáncer se producen al azar. Los investigadores revelan que se produce una mayor incidencia de cánceres en aquellos órganos y tejidos en los que más frecuentemente se producen divisiones de células madre. Puesto que a cada división se generan mutaciones aleatorias, estas se van acumulando a medida que la vida avanza y, finalmente, si tenemos mala suerte (lo cual es solo cuestión de tiempo), algunas podrían conducir a la generación de un tumor. Si las mutaciones fueran solo causadas por agentes externos, el cáncer se produciría con mayor proporción en los órganos más afectados por esos agentes, y no en los que más divisiones de células madre experimentan a lo largo de la vida, que es lo que encuentran los investigadores.

La idea, y la evidencia que la apoya, de que la principal causa del cáncer son sobre todo mutaciones aleatorias no ha sido bien recibida por algunas figuras prominentes de la oncología. Las razones pueden ser varias. Una es que los datos en los que los dos científicos basaban inicialmente esta conclusión se limitaban a cánceres aparecidos en los Estados Unidos, por lo que tal vez esta no tenga validez universal. Otra razón puede ser que resulta muy incómodo aceptar que, si esta conclusión es cierta, el cáncer no es tan prevenible como nos gustaría y, lo que es peor, nuestra propia vida pende del hilo del caprichoso azar y poco o nada podemos hacer por evitarlo, con lo bonito que es creer que tenemos el control.

En un nuevo estudio, ahora los científicos analizan la incidencia del cáncer en 69 países que representan una variedad de entornos y modos de vida muy amplios, y que engloban una población de 4.800 millones de personas. Los datos de incidencia de cáncer fueron obtenidos nada menos que de 423 bases de datos proporcionadas por la Agencia Internacional para la Investigación sobre el Cáncer. Se estudiaron 17 tipos de cáncer para los que existen datos sobre la frecuencia de reproducción de las células madre en los tejidos u órganos correspondientes.

Los datos obtenidos mundialmente concuerdan a la perfección con los correspondientes a la incidencia de cáncer de diversos tipos en los EE.UU., obtenidos en el primer estudio. Se confirma una fuerte correlación positiva entre el número de divisiones de las células madre de un órgano y la incidencia a lo largo de toda la vida de cánceres de ese órgano. Esto sugiere que cuantas más veces va el cántaro a la fuente (más veces se reproduce el ADN) más probabilidades tiene de romperse (más probable es que se produzcan mutaciones que causan cáncer).

Son malas noticias, puesto que poco o nada podemos hacer para evitar las mutaciones al azar que se producen a lo largo de la vida. Es cuestión de tiempo que alguna de ellas acabe por causarnos cáncer. Sin embargo, aunque esto es así, no quiere decir que el cáncer no pueda prevenirse. Como he dicho antes, las mutaciones son necesarias, pero no suficientes para que el cáncer se desarrolle. Por ejemplo, el sistema inmune vigila cada día las células que han podido transformarse en tumorales y las elimina. Mantener, por tanto, unas buenas defensas, con una alimentación y estilo de vida adecuados, en particular realizando ejercicio físico con regularidad, podrá curvar nuestra potencial mala suerte e impedir que un cáncer se desarrolle. Obviamente, evitar sustancias que aumentan la probabilidad de mutaciones, como el tabaco y el alcohol, es otra buena forma de lograr una larga y próspera vida.

Referencias: (1) Tomasetti et al., Science 355, 1330–1334 (2017) 24 March 2017. http://science.sciencemag.org/content/355/6331/1330.full
(2) https://jorlab.blogspot.com.es/2015/01/el-cancer-es-una-tombola.html

14 de mayo de 2017

VIRUS DE LA INTOLERANCIA

Casos de muerte por intolerancia a ciertos alimentos, como por ejemplo el cacahuete, se producen en el mundo cada día

CUANDO HABLAMOS DE las defensas, probablemente en general pensamos en la manera en que el sistema inmune nos defiende de las agresiones de enemigos externos, como las bacterias y los virus. Sin embargo, defendernos de agresiones externas no es la única función del sistema inmune. Otra función tan importante o más que esta es la de tolerar a sustancias externas que, sin embargo, deben penetrar todos los días varias veces en nuestro organismo. Me refiero a los alimentos. Sin la tolerancia a los alimentos nuestra vida resultaría imposible.

La intolerancia alimenticia es un problema que puede causar graves consecuencias a nuestra salud, e incluso conducir a la muerte. Casos de muerte por intolerancia a ciertos alimentos, como el cacahuete, se producen en el mundo cada día. Algunos de ellos son realmente extraordinarios y nos revelan el terrible poder que el sistema inmune ejerce sobre nuestra existencia cuando este se vuelve intolerante. Por ejemplo, hace cerca de cinco años, una joven de 20 años de edad murió en los EE.UU. tras ser besada por su novio. Este había comido un sándwich de mantequilla de cacahuete justo antes de besarla y, aunque se había lavado los dientes, esto no fue suficiente para eliminar de su boca todas las trazas de cacahuete. Estas trazas pasaron al cuerpo de la joven con su beso y fueron suficientes para causarle un choque anafiláctico que le causó la muerte. Sí, hay amores que matan y hay también besos de la muerte.

Otro problema grave de intolerancia alimenticia se produce frente al gluten, un conjunto de proteínas propio del trigo y de otros cereales. El gluten confiere las propiedades viscoelásticas a las pastas generadas con harina de trigo, lo que les permite hincharse durante la fermentación y, al mismo tiempo, mantener su forma. Una de las proteínas del gluten, la gliadina, es parcialmente resistente a la digestión y, en lugar de ser completamente digerida en aminoácidos simples (los componentes básicos de todas las proteínas), genera diversos fragmentos proteicos, denominados péptidos. Estos péptidos no digeridos inducen una respuesta inmune contra ellos en algunas personas con predisposición genética, debida a que poseen ciertas variantes de los genes del complejo mayor de histocompatibilidad, los mismos genes responsables del rechazo a los trasplantes. En estas personas, los péptidos del gluten desencadenan una respuesta de rechazo a las células intestinales que los han captado desde el intestino y que son, por esta razón, identificadas ahora como células extrañas por el sistema inmune. Esta es la causa de la enfermedad celiaca. Por el momento, evitar el gluten de forma estricta es la única forma de impedir sus peligrosos efectos.

Sin embargo, no todas las personas con predisposición genética acaban por convertirse en celiacas. Otros factores externos, no completamente conocidos, son fundamentales para que esto suceda. Otro misterio aún no resuelto es por qué los péptidos no completamente digeridos del gluten inducen una respuesta agresiva contra ellos, en lugar de inducir una respuesta tolerante, como sucede frente a otros alimentos y también frente a las bacterias de la flora intestinal.

VIRUS SOSPECHOSOS

Un grupo de 34 investigadores de varias universidades estadounidenses aborda ahora estos problemas. Su hipótesis fundamental es que el ataque a las células intestinales que han captado péptidos del gluten se produce en conjunción con la infección de virus que atacan al intestino. Sin embargo, hasta el momento, se carecía de evidencia experimental que probara que esta hipótesis podía ser cierta.

Para obtener esta evidencia, los investigadores hacen uso de la ingeniería genética y generan dos tipos diferentes de una clase de virus llamada reovirus. Los reovirus infectan el intestino de ratones y seres humanos, en general de forma asintomática, aunque algunos virus de esta clase son incapaces de infectar el intestino e infectan otras células.

Aprovechando las diferentes características de distintos reovirus, los investigadores utilizan dos para sus experimentos. Uno, llamado T1L, infecta el intestino de los ratones y genera una respuesta inmune contra él que afecta a la fisiología de este órgano. Otro, llamado T3D, no es capaz de infectar al intestino y, además, es un virus asintomático que no genera una respuesta inmune fuerte.

LOS INVESTIGADORES SE dicen que, si modifican por ingeniería genética al virus T3D de manera que pueda infectar ahora al intestino, podrán comparar el efecto de dos virus diferentes sobre este órgano: uno que genera una respuesta inmune fuerte (T1L), y otro que la genera débil (T3D modificado), y comprobar así si esta diferencia puede ser la que explique el desarrollo de la enfermedad celiaca.

Los científicos dan de comer albúmina o gluten a ratones de laboratorio al mismo tiempo que los infectan con uno u otro virus. Los ratones no habían comido antes ni albúmina ni gluten, por lo que la primera vez que se encuentran con estas proteínas extrañas como alimento pueden bien atacarlas, bien tolerarlas. Pues bien, en el caso de que las proteínas vayan acompañadas por una infección de T1L, estas son atacadas como extrañas, pero si van acompañadas por una infección con T3D, o no se infecta a los ratones con ningún virus, son toleradas.

Los pacientes celiacos suelen poseer elevados niveles en su sangre de anticuerpos contra los reovirus, lo que sugiere que han sido infectados por ellos. Los datos derivados de estos experimentos indican ahora que la enfermedad celiaca puede ser desencadenada en personas susceptibles por una infección vírica intestinal al mismo tiempo que se come gluten. Son buenas noticias, porque esto permitirá tal vez desarrollar vacunas antivíricas para impedir que las personas genéticamente susceptibles desarrollen esta enfermedad.

Referencia: Bouziat et al., Reovirus infection triggers inflammatory responses to dietary antigens and development of celiac disease. Science 356, 44–50 (2017)

21 de mayo de 2017

DOBLE ATAQUE ANTITUMORAL

Por razones que deben aún ser investigadas, el efecto del anticuerpo estimuló las defensas contra el tumor

ANTE LOS AVANCES que la ciencia nos regala cada semana, cada día, uno a veces no tiene tiempo de pararse y meditar sobre el panorama que la ciencia nos va dejando. Sin embargo, una de las preguntas que podemos seguir haciéndonos es, si los avances son tan importantes, ¿cómo es posible que no seamos capaces todavía de curar el cáncer?

La ciencia ayuda también a responder a esta pregunta. Los estudios sobre el desarrollo de los tumores han revelado que las células cancerosas desarrollan toda una panoplia de ingeniosos mecanismos para crecer y evitar ser eliminadas por el sistema inmune, o por los fármacos antitumorales. Atacar solo uno de los mecanismos de supervivencia puede no ser suficiente para bloquear el crecimiento de un tumor.

Tomemos, por ejemplo, el mecanismo denominado angiogénesis. La angiogénesis es la generación de nuevos capilares y vasos sanguíneos, que los tumores estimulan, y que es necesaria para permitir el transporte de oxígeno y nutrientes a un tumor en desarrollo. Si somos capaces de bloquear este proceso, probablemente el tumor no podrá crecer.

Desde hace más de tres décadas, el proceso de angiogénesis ha sido objeto de intensa investigación para intentar frenar el cáncer. Hoy, ya se utilizan varios fármacos y productos tales como anticuerpos que bloquean los mecanismos que favorecen la angiogénesis. Sin embargo, uno de los problemas con los que se encuentran estos fármacos es que los mecanismos moleculares de estimulación de la angiogénesis pueden ser varios, y bloquear solo uno, de nuevo, no impide este proceso en su totalidad.

Valga un ejemplo para comprender mejor lo que intento decir: la angiogénesis es estimulada por una proteína llamada factor de crecimiento endotelial (VEGF), la cual es producida por células que no reciben suficiente oxígeno, entre ellas las células de un tumor en crecimiento. La angiogénesis tumoral es igualmente estimulada por otra proteína llamada angiopoyetina-

2 (ANG-2). Es claro que bloquear la acción de una sin intervenir sobre la otra no va frenar la angiogénesis por completo.

Ambas proteínas actúan mediante su unión a otras proteínas receptoras presentes en la membrana de las células de los vasos sanguíneos. Al unirse a estas proteínas receptoras, las células de los vasos sanguíneos ven estimulado su crecimiento y forman nuevos capilares cerca de donde VEGF y ANG-2 son producidas.

AGENTES DOBLES

ESTE CONOCIMIENTO HA permitido el desarrollo de anticuerpos contra estas dos proteínas. Los anticuerpos son proteínas producidas por los linfocitos B de nuestras defensas que, en muchos casos, sirven para bloquear las toxinas producidas por las bacterias que pueden infectarnos. Este bloqueo se realiza mediante la unión física de los anticuerpos a las toxinas, lo que impide que estas actúen. De la misma manera, anticuerpos contra VEFG y ANG-2 deberían impedir que estas se unan a sus proteínas receptoras y ejercer un efecto más potente sobre la angiogénesis que cada anticuerpo por separado.

En efecto, esto es lo que sucede, aunque la combinación de los dos anticuerpos no acaba por bloquear por completo la angiogénesis de todos modos. Se cree que tal vez ambos anticuerpos por separado no puedan acceder al tumor de manera suficiente.

Para intentar solucionar este problema, investigadores de la Escuela Superior Politécnica de Lausana, en Suiza, generan una nueva molécula de anticuerpo no existente en la Naturaleza. Se trata de un anticuerpo llamado biespecífico, es decir, capaz de unirse a dos moléculas diferentes al mismo tiempo.

Las moléculas de anticuerpo poseen una forma característica similar a la de la letra Y. Los extremos de los dos brazos de la Y son las regiones capaces de unirse con mucha fuerza a partes de otras moléculas que encajan en ellas como lo haría una pieza correcta de un puzle. Sin embargo, ambos brazos de la Y pueden unirse solo a moléculas idénticas. La Naturaleza no ha previsto, o no podido, generar anticuerpos con regiones de unión conformadas de manera diferente, de forma que cada brazo de la Y pueda unirse a moléculas distintas. Los anticuerpos naturales se llaman por esta razón monoespecíficos: se unen a una sola especie molecular.

Los científicos, sin embargo, conocen cómo generar anticuerpos que puedan unirse con un brazo de la Y a una molécula y con el otro, a otra molécula diferente. Por técnicas de biología molecular generan así un anticuerpo biespecífico que con un brazo se une a VEGF y con el otro, a ANG-2. La administración de este anticuerpo a ratones con melanoma, o con tumores de mama o de páncreas, resultó en una eficacia terapéutica superior a la de la administración de los dos anticuerpos monoespecíficos juntos.

Además, los efectos beneficiosos no se limitaron a la angiogénesis. Por razones que deben aún ser investigadas, el efecto del anticuerpo estimuló las defensas contra el tumor. Entre otros importantes efectos, el anticuerpo permitió a un mayor número de linfocitos salir de los vasos sanguíneos y penetrar en el tumor, donde pueden atacar a las células cancerosas.

No obstante, el tumor puso en marcha mecanismos encaminados a bloquear la acción "asesina" de los linfocitos. Los investigadores se dieron cuenta de esto y trataron a los ratones con la sustancia llamada interferón-gamma, capaz de estimular a estos linfocitos a pesar de los esfuerzos del tumor por frenar su acción. Fue la combinación del anticuerpo biespecífico con el interferón gamma la que mejor resultado dio para frenar el crecimiento tumoral.

Son noticias esperanzadoras que, cuando menos, permiten comprender mejor la diversidad y amplitud de mecanismos que las células tumorales despliegan para su propia supervivencia, aunque ello conlleve finalmente la muerte de todo el organismo que las alberga, que acarreará, de todos modos, también la suya.

Referencia: Martina Schmittnaegel et al. (2017). Dual angiopoietin-2 and VEGFA inhibition elicits antitumor immunity that is enhanced by PD-1 checkpoint blockade. Science Translational Medicine 12 Apr 2017: Vol. 9, Issue 385, eaak9670. DOI: 10.1126/scitranslmed.aak9670

28 de mayo de 2017

LA DOMESTICACIÓN DEL CABALLO

La domesticación del caballo no solo cambió al ser humano, le cambió también a él

EXISTEN CIERTOS HECHOS en la historia de la Humanidad que suponen un punto de inflexión, algo que, de no haber sucedido, hubiera modificado la historia. Uno de esos puntos de inflexión es la domesticación del caballo.

Los estudios arqueológicos indican que la domesticación de este animal sucedió hace unos 5.500 años, en las estepas del actual Kazajistán, por miembros de la llamada cultura Botai, que habitaba estas tierras. La fecha exacta es aún objeto de debate, pero sea cuando fuere, no hay duda de que la persona que primero pensó en la posibilidad de domesticar a un animal tan imponente como el caballo es uno de los genios anónimos de la Humanidad. Su gesta cambió nuestra historia. El caballo ha sido el principal medio de transporte por siglos y, aún hoy, medimos la potencia de los motores de los automóviles en caballos. La domesticación de este animal supuso, además, la aparición de una nueva arma de guerra, un arma que se utilizó hasta bien entrado el siglo XX y que permitió la construcción de civilizaciones e imperios que forjaron la Historia.

La domesticación del caballo no solo cambió al ser humano, le cambió también a él mediante la crianza selectiva y la generación de purasangres. Desde tiempos de Charles Darwin, es conocido que los animales domesticados muestran características distintivas, sea cual sea la especie a la que pertenecen. En general, los animales domésticos suelen ser menos agresivos que sus congéneres salvajes (salvo que se "domestiquen" pare hacerlos más bravos, como el Toro). Igualmente, suelen tener las orejas caídas, los dientes de menor tamaño, y pasan por ciclos reproductivos más frecuentes. También muestran comportamientos más propios de la juventud o la adolescencia que de la edad adulta, los cuales se ven asociados a alteraciones en las hormonas de la glándula adrenal (que regulan el estrés) y a los niveles de algunos neurotransmisores. La hipótesis actual para explicar la adquisición de todas estas características mantiene que estas serían debidas a cambios genéticos que afectarían al desarrollo, durante el periodo embrionario, de la llamada cresta neural, una estructura de los embriones de los mamíferos que, además de dar origen a una parte del sistema nervioso, participa en el desarrollo de la piel, del cartílago y huesos (dientes, orejas, cola), o en la respuesta al estrés (agresividad y miedo).

Los caballos domésticos actuales muestran igualmente ciertas características genéticas probablemente debidas a su domesticación. Los estudios realizados indican que la diversidad de sus mitocondrias (los orgánulos celulares encargados de la generación de energía para los procesos celulares) es muy elevada, lo que prueba la participación de numerosas hembras en este proceso (las mitocondrias solo se heredan de la madre). Al contrario, el cromosoma Y parece ser muy homogéneo, lo que sugiere que los caballos domésticos descienden de solo uno o de muy pocos machos genéticamente relacionados. Finalmente, los caballos domésticos poseen variantes de genes que afectan a su fisiología, y que probablemente mejoran su capacidad de resistencia en la carrera.

DIECISÉIS CABALLOS

No obstante, se desconoce si estas características fueron ya seleccionadas desde los primeros estadios de la domesticación del caballo o, al contrario, aparecieron en estadios más tardíos de la misma. Para averiguarlo, un grupo de 33 investigadores, (algunos de ellos españoles) han logrado aislar el ADN y secuenciar el genoma completo de 16 restos de caballos domésticos ancestrales, extraídos de diferentes yacimientos arqueológicos localizados en o cerca de la región donde el caballo se domesticó por primera vez. Estos restos datan desde hace 4.100 años a hace 2.300 años. Once de estos restos, extraídos del yacimiento de Berel, una localidad al este de Kazajistán, cerca de la frontera con Mongolia, se han preservado de manera excelente, lo que ha permitido conseguir secuencias de ADN de elevada calidad.

Entre los genes que aparentemente fueron seleccionados durante la domesticación temprana del caballo se encuentran los que originan los colores de pelo. Aunque predominan los caballos de pelo marrón rojizo y castaño, los caballos negros también están bien representados. Como era de esperar, estos caballos domesticados primitivos ya mostraban en su genoma variantes de genes asociados a una mejor capacidad para la carrera. En particular, los científicos descubren que poseían mutaciones en un gen implicado en el desarrollo muscular, el gen de la proteína miostatina. Esta proteína impide que el músculo se haga demasiado grande durante el crecimiento. Mutaciones que afectan al funcionamiento normal de esta proteína resultan en músculos grandes e hipertrofiados. Una mayor masa muscular puede resultar perjudicial en estado salvaje, quizá por la energía en forma de alimento necesaria para mantenerla, pero es una característica apreciada en un caballo doméstico que pretendemos usar para arrastrar carretas, arar el campo o correr más rápido.

Otra curiosa característica seleccionada es un incremento de producción de leche por las yeguas. Esto sugiere la apetencia de los humanos de aquellos años por la leche, o también la necesidad de que las hembras pudieran alimentar abundantemente a los potrillos, lo que incidiría positivamente en sus capacidades cuando adultos.

Sin embargo, un dato que contradice lo supuesto hasta ahora es que los científicos encuentran una mayor diversidad en los cromosomas Y de los caballos macho estudiados, lo que sugiere que la homogeneidad actual en este cromosoma se produjo más tarde, y no en el origen de la domesticación. Igualmente, más tarde, como consecuencia de la endogamia en la crianza de algunas razas "puras", se acumularon mutaciones perjudiciales que no se han encontrado en los genomas de los restos de los caballos analizados.

Estos interesantes estudios son una nueva demostración de que la genética es hoy imprescindible para conocer mejor nuestra propia historia.

Referencia: Pablo Librado, et al (2017). Ancient genomic changes associated with domestication of the horse. Science 28 APRIL 2017 • VOL 356 ISSUE 6336

4 de junio de 2017

GENES, TABACO Y CORAZÓN

Los científicos analizan en conjunto los datos genéticos de alrededor de 140.000 participantes en 29 estudios clínicos

LA INVESTIGACIÓN BIOMÉDICA ha revelado desde hace ya varias décadas las razones por las que fumar tabaco causa cáncer. La ciencia ha confirmado que fumar está asociado al desarrollo de no menos que 17 tipos de tumores. Alrededor de seis millones de personas mueren cada año por causa del tabaco, a pesar de lo cual existen todavía más de mil millones de fumadores en el mundo.

Hoy sabemos sin ningún tipo de dudas que el humo del tabaco es una compleja mezcla de miles de sustancias químicas, derivadas de la combustión incompleta del tabaco y papel de los cigarrillos. Al menos sesenta de estas sustancias son probados carcinógenos. Todos estos carcinógenos contribuyen al desarrollo del cáncer al causar daño al ADN, el cual se traduce en mutaciones, en particular en la sustitución de unas "letras" por otras. Esta sustitución no es sino un cambio en la información genética almacenada en el ADN, cambio de información que se transmite a las proteínas producidas por los genes, las cuales dejan de funcionar correctamente. Esto aumenta la probabilidad de desarrollar cáncer.

Sin embargo, el cáncer no es el único problema de salud asociado al consumo de tabaco. Otro problema muy grave es una mayor incidencia de enfermedades cardiovasculares. Entre estas no solo tenemos las que afectan directamente al corazón, sino también las que afectan a la integridad de venas y arterias y, por consiguiente, a la correcta circulación de la sangre. En particular, el consumo de tabaco aumenta el riesgo de enfermedad coronaria, causada por un mal funcionamiento de las arterias que riegan el corazón. Estas sufren un estrechamiento paulatino, debido a depósitos de grasa y colesterol, y al engrosamiento de sus paredes, que afecta a la circulación sanguínea y al aporte de nutrientes y oxígeno al corazón.

Los estudios clínicos han demostrado que fumar aumenta el riesgo de esta enfermedad independientemente de otros factores que también pueden generarla, como la falta de ejercicio, una alimentación demasiado rica en grasas saturadas, hipertensión, obesidad, o diabetes. Fumar se une a todos estos factores y consigue aumentar la probabilidad de desarrollar la enfermedad coronaria.

MUTANTES SIN CORAZÓN

Mientras son conocidas las razones y los mecanismos fisiológicos por los que una dieta poco saludable, la falta de ejercicio físico, etc., causan enfermedad coronaria, los mecanismos por los que el tabaco aumenta el riesgo de esta enfermedad no estaban claros. Ahora, investigadores de la Universidad de Columbia en Nueva York, descubren que ciertas variantes o mutaciones de un gen que produce un enzima son las responsables de que el tabaco aumente el riesgo de enfermedad cardiovascular.

Para identificar este gen, un grupo internacional de más de 70 científicos analizan los datos genéticos de alrededor de 140.000 participantes en 29 estudios clínicos. El análisis se centró en 45 regiones cromosómicas que anteriormente ya habían sido identificadas como poseedoras de genes posiblemente asociados a un mayor riesgo de enfermedad coronaria. La idea era identificar cuál o cuáles de estas regiones estaban asociadas a un riesgo diferente de sufrir enfermedad coronaria dependiendo de si se era fumador o no.

El análisis encontró que el cambio de una sola "letra" en un gen del cromosoma 15, el gen llamado ADAMTS7, estaba asociado con una reducción de un 12% del riesgo de desarrollar enfermedad coronaria en no fumadores, pero solo con una reducción del riesgo en un 5% en fumadores. Esto quería decir que fumar aumentaba el riesgo de enfermedad coronaria en los poseedores de la variante de este gen.

Los científicos descubren, además, que la "letra" diferente en esta variante del gen ADAMTS7 no afecta a la proteína producida, sino que afecta al funcionamiento del gen, es decir, a la cantidad de proteína que produce. En este caso, la proteína es producida en menor cantidad de la normal. Curiosamente es esta menor cantidad la que genera un efecto protector de la enfermedad coronaria. Esto es, además, consistente con un reciente estudio en el que se generan ratones genéticamente modificados a los que se ha eliminado el gen ADAMTS7. Estos ratones desarrollan mucho menor número de placas de ateroma en sus arterias, por lo que se obturan menos.

Para comprobar si el humo del cigarrillo afectaba al funcionamiento de este gen, los científicos tratan a células aisladas de las arterias coronarias con un extracto líquido generado a partir de humo de cigarrillo, y estudian qué sucede con el funcionamiento del gen ADAMTS7. Encuentran que el extracto de humo activa el funcionamiento del gen, lo que es coherente con el incremento del riesgo de enfermedad coronaria en fumadores.

Muy bien, pero ¿qué hace el enzima producido por ADAMTS7 para incrementar el riesgo de enfermedad coronaria? Resulta que este enzima está especializado en degradar una proteína de la matriz extracelular, la cual es el conjunto de proteínas externas a las células que mantiene la integridad de los tejidos. La proteína en cuestión se llama trospondina-5 y está implicada en la remodelación de la pared de las arterias. Al parecer, un exceso de degradación de la trospondina-5 genera un exceso de remodelación circulatoria que puede favorecer la generación de placas de grasa y la disminución del diámetro arterial.

Estos interesantes descubrimientos, además de ofrecer una explicación al hasta ahora oscuro tema de por qué el tabaco genera enfermedad coronaria, indican también que un posible nuevo fármaco que impida el excesivo funcionamiento del enzima ADAMTS7 podría actuar de protector frente al desarrollo de esta enfermedad, tanto en fumadores como en no fumadores. La Medicina sigue avanzando tal vez lenta, pero inexorablemente, hacia convertir en realidad el sueño de una vida sin miedo a la enfermedad.

Referencia: Danish Saleheen et al. (2017). Loss of Cardio-Protective Effects at the ADAMTS7 Locus Due to Gene-Smoking Interactions. Circulation. https://doi.org/10.1161/CIRCULATIONAHA.116.022069

11 de junio de 2017

INMUNIDAD Y CALVICIE

Una de las células más misteriosas del sistema inmune son las llamadas linfocitos T reguladores

LA INVESTIGACIÓN SOBRE las funciones del sistema inmune está proporcionando alguna que otra agradable sorpresa. No es de extrañar, porque este sistema es uno de los más complicados de todo el organismo y, sin duda, rivaliza en complejidad con el mismísimo sistema nervioso.

Todavía queda mucho que aprender del sistema inmune. Algunas de las células que componen este sistema no han sido descubiertas sino bien entrado el siglo XXI. Las funciones precisas, tanto de estas nuevas células, como de las células conocidas desde hace décadas, todavía son objeto de intensa investigación. No es para menos, puesto que el sistema inmune ejerce importantes funciones no solo en la defensa frente a los microrganismos, sino también en otros aspectos relacionados con el mantenimiento de la salud, como la regeneración de tejidos dañados, la cicatrización de heridas, y la vigilancia contra las células que han podido ser transformadas en cancerosas y que, de no ser eliminadas cuanto antes, podrían dar lugar al desarrollo de un tumor.

Unas de las células más misteriosas del sistema inmune son las llamadas linfocitos T reguladores. Como otros linfocitos T, estas células se originan en el órgano llamado timo (de ahí el nombre de linfocitos T), pero en lugar de participar en la defensa contra microorganismos extraños y potencialmente dañinos, las células T reguladoras participan en frenar el ímpetu de otros linfocitos frente a organismos extraños, para evitar la generación de una respuesta demasiado intensa contra ellos, que resultaría dañina para nosotros mismos.

Las células T reguladoras participan también en impedir que nuestro sistema inmune se equivoque e identifique alguna célula o molécula propia como extraña y active un ataque contra ella. Si esto sucede, se desencadenan enfermedades llamadas autoinmunes, en las que el sistema inmune se vuelve contra su propio organismo y le hace daño, en lugar de protegerlo. La cantidad de células T reguladoras va disminuyendo paulatinamente con la edad, y esta parece ser la razón por la que la incidencia de enfermedades autoinmunes aumenta conforme envejecemos.

El misterio de las células T reguladoras se ha visto incrementado por el descubrimiento de que algunas de ellas no se localizan en los ganglios linfáticos, los órganos en los que tiene lugar la generación de la respuesta inmune, sino que se localizan en diversos tejidos. Investigaciones recientes indican que estas células desempeñan funciones especializadas que no son propias del sistema inmune, sino propias del tejido en el que residen. Por ejemplo, algunas células T reguladoras residen en el tejido adiposo, donde tienen en funcionamiento una serie de genes más propios de este tejido que de otros linfocitos, entre ellos, genes que permiten regular el metabolismo de las grasas y de los hidratos de carbono. Las células T reguladoras que residen en los pulmones tienen activados igualmente genes que les permiten desempeñar una función importante en el mantenimiento de la integridad de la barrera epitelial pulmonar.

REGULACIÓN DE LA CALVICIE

La piel es otro tejido en el que abundan las células T reguladoras, pero no se ha logrado elucidar todavía la función que estas células pueden desempeñar allí. Se sabe que tras el nacimiento se acumula en la piel una oleada de células T reguladoras altamente activadas, las cuales parecen ser fundamentales para establecer tolerancia inmune frente a las bacterias comensales que colonizan la piel. Es también conocido que, en los adultos, las células T reguladoras participan en la cicatrización de las heridas. Sin embargo, algunos aspectos de su función en la piel permanecen oscuros.

Los linfocitos T reguladores de la piel no están dispersos, sino que se concentran alrededor de los folículos pilosos. Estos son unas estructuras, especializadas en la generación de pelo, que se encuentran en un permanente estado de crecimiento y regeneración. Además de las células T reguladoras, una importante población de células madre epiteliales también se concentra en el folículo piloso.

Curiosamente, algunos estudios indican que las células T reguladoras están relacionadas con la enfermedad llamada alopecia areata, un tipo de calvicie en la que el pelo se cae por zonas. Se cree que esta calvicie es el síntoma de un ataque autoinmune a los folículos, aunque otros mantienen que se debe a un fallo en la regeneración del folículo. En todo caso, los estudios genéticos han revelado que este tipo de alopecia está asociado a mutaciones en diversos genes que controlan la actividad de los linfocitos T. Además, si se consigue aumentar la cantidad de linfocititos T reguladores en el cuero cabelludo, la alopecia areata mejora. No obstante, no se conocía si esta actividad de las células T reguladoras estaba relacionada con un control del ataque autoinmune o si, por el contrario, tenía que ver más con la regulación de los ciclos de crecimiento y regeneración de los folículos pilosos.

Ahora, un numeroso grupo de investigadores de diversos países aborda esta cuestión y concluye que las células T reguladoras en el folículo participan no en la regulación inmune sino en la biología del folículo y la regeneración capilar. Esta regeneración tiene lugar mediante la estimulación, por parte de las células T reguladoras, de las células madre epiteliales del folículo.

Estos estudios, además de indicar que la pérdida de pelo paulatina que sucede cuando envejecemos puede estar relacionada con la disminución de la cantidad de células T reguladoras que sucede con la edad, sugieren que los linfocitos T reguladores desempeñan otras funciones no necesariamente relacionadas con la idea que hasta ahora se tenía del sistema inmune y, en particular, actúan en la regulación de la biología de las células madre en la regeneración de los tejidos. Habrá que tenerlas en cuenta en la investigación en medicina regenerativa.

Referencia: Ali et al., Regulatory T Cells in Skin Facilitate Epithelial Stem Cell Differentiation, Cell (2017), http://dx.doi.org/10.1016/j.cell.2017.05.002

18 de junio de 2017

EL MORDISCO DEL MACRÓFAGO

Para intentar averiguar qué sucedía, los investigadores utilizaron la microfotografía time-lapse

UN DESCUBRIMIENTO INESPERADO viene a añadir una nueva función a una de las células estrella del sistema inmune: el macrófago. Como su nombre indica, los macrófagos, son células grandes (macro) capaces de comer (fagos), de fagocitar –como se dice en lenguaje científico– microorganismos como bacterias o virus, (y también células muertas y restos de las mismas) para matarlos y digerirlos en su interior. Los macrófagos son células fundamentales para la lucha antibacteriana y, en particular, para la lucha contra las llamadas micobacterias, causantes de enfermedades tan graves como la tuberculosis o la lepra.

En los últimos años se ha ido descubriendo que los macrófagos no solo desempeñan una función crítica para la defensa del organismo, sino también en otros importantes procesos. Entre ellos, se encuentran nada menos que la regeneración de los capilares sanguíneos rotos, la formación de los ductos de las glándulas mamarias, la generación de los distintos tipos de células del páncreas, el mantenimiento de las células madre que generan la sangre, y el control del metabolismo de las grasas.

Pues bien, ahora, dos investigadores de la Universidad de Washington, en Seattle, EE.UU. descubren que los macrófagos median la comunicación entre dos tipos de células, comunicación que resulta fundamental para el correcto ordenamiento espacial de estas células en estructuras funcionales. El descubrimiento se produjo al estudiar la formación de las bandas del cuerpo del pez cebra, un pequeño pececillo cuyo cuerpo está cubierto de franjas de color negro y amarillo que explican su nombre.

El pez cebra es uno de los animales modelo utilizados por numerosos laboratorios para estudiar el proceso del desarrollo, ya que se reproduce con facilidad en un acuario y su longevidad no es elevada, por lo que se pueden estudiar varias generaciones en un tiempo relativamente corto. Además, los huevos y los peces recién nacidos son transparentes, lo que facilita el estudio de lo que sucede en su interior cuando están creciendo. Las bandas del cuerpo de este pez se generan mediante el ordenamiento de dos tipos de células que producen diferentes pigmentos. Las bandas amarillas están formadas por células llamadas xantóforos (que producen un pigmento similar a la xantina, de color amarillo) y las bandas negras, por células llamadas melanóforos (que producen melanina, un pigmento de color oscuro).

El correcto ordenamiento espacial entre xantóforos y melanóforos se logra mediante la comunicación entre estas dos células, que se envían señales moleculares, lo cual conduce a que se organicen y formen las bandas negras y amarillas. Era conocido que esta comunicación tenía lugar de un modo bastante peculiar. Los xantóforos emiten una especie de finas prolongaciones de su membrana celular, como unos "hilillos", que se extienden y se dirigen a los melanóforos, con los que toman contacto. Estas prolongaciones contienen en sus extremos unas pequeñas vesículas cargadas con moléculas señal, las cuales modifican el comportamiento de los melanóforos de modo que se organizan en bandas a lo largo del cuerpo. De algún modo, esta organización permite al mismo tiempo la organización de los xantóforos en bandas alternantes con las de los melanóforos.

A MORDISCO LIMPIO

El modo en que estas prolongaciones se formaban y por qué y cómo se dirigían hacia los melanóforos era un completo misterio. Para intentar averiguar qué sucedía, los investigadores utilizaron la microfotografía *time-lapse*. Este es un tipo de fotografía microscópica en la que se toman fotos en un lapso definido de tiempo, por ejemplo, una foto por minuto. Estas fotos pueden luego ensamblarse para generar una película en tiempo acelerado. Fuera de la microscopía, estas películas son muy comunes para examinar la evolución de las nubes, cómo se abren las flores, etc.

Las películas realizadas en peces vivos, utilizando tinciones moleculares específicas para revelar las prolongaciones, mostraron que estas se movían de una célula a otra siguiendo caminos aparentemente aleatorios, pero que, curiosamente, recordaban la forma en que los macrófagos se movían. Las películas no revelaban la presencia de macrófagos, pero puesto que en el pez cebra en desarrollo casi todo es transparente, casi nada se ve bien a menos que se marque o se tiña con alguna molécula que confiera un color a lo que se desea ver.

Los investigadores decidieron eliminar los macrófagos de los peces cebra mediante métodos farmacológicos. Comprobaron así que en los peces sin macrófagos las bandas de sus cuerpos no se formaban bien y, en su lugar, aparecerían como unas manchas negras, que indicaban desorganización celular, resultado de una incorrecta comunicación entre los xantóforos y los melanóforos. Así pues, la evidencia indicaba que los macrófagos estaban implicados en la comunicación entre estas dos células.

Los científicos intentaron revelar la presencia de los macrófagos marcándolos molecularmente con anticuerpos que solo se unen a proteínas en la membrana de estas células, anticuerpos que a su vez estaban unidos a sustancias coloreadas. En estas condiciones volvieron a realizar el estudio *time-lapse*.

De este modo, observaron algo espectacular: los macrófagos, que ahora ya eran visibles, "mordían" la superficie de los xantóforos, estiraban su membrana formando el "hilillo", y lo transportaban hasta los melanóforos, en los cuales depositaban las vesículas con las moléculas señal del extremo de la prolongación. Tras realizar esta operación, el macrófago abandonaba la escena.

Los científicos creen que este nuevo comportamiento de los macrófagos no se limita al pez cebra, dado que las funciones de los macrófagos son muy similares en las distintas especies del reino animal. Por consiguiente, este descubrimiento abre la puerta a investigar en qué otros organismos los macrófagos participan en la organización de las células que forman los distintos órganos y tejidos, la cual, si no es correcta, puede causar diferentes enfermedades.

Referencia: D. S. Eom and D. M. Parichy. A macrophage relay for long-distance signaling during postembryonic tissue remodeling Science 10.1126/science.aal2745 (2017)

25 de junio de 2017

¿CUÁNDO CRECIERON LAS BALLENAS?

Los científicos no conocen aún con precisión los procesos que conducen al gigantismo en algunas clases de animales

UNA PREGUNTA QUE tal vez un niño o niña haya formulado a sus progenitores o abuelos es: ¿Por qué las ballenas son tan grandes? De acuerdo. Vale. Ya lo sé. Mi ingenuidad es más grande que una ballena azul. ¿A qué niño normal de hoy le importan un bledo las ballenas? ¿Tal vez a un futuro científico?

No cabe duda de que por qué las ballenas son tan grandes es una pregunta científica. Averiguar su respuesta nos permitirá comprender mejor cómo funciona la Naturaleza, tal vez incluso comprender por qué los dinosaurios alcanzaron igualmente tan gigantescos tamaños, o tal vez por qué otros animales nunca han sido tan grandes. Además, otras preguntas interesantes que podemos formular son desde cuándo son las ballenas tan grandes y, si no lo han sido siempre, qué sucedió para que comenzaran a crecer.

Aunque parezca mentira, estas preguntas no han obtenido respuesta sino hasta muy recientemente. De hecho, solo hace unas semanas, investigadores de la Universidad de Chicago, de la Universidad de Stanford y del Museo de Ciencia Natural de los EE.UU. han podido revelar cómo y por qué las ballenas han adquirido tan enormes tamaños. Y es que las preguntas científicas que cualquier niño puede hacer pueden requerir de la más intensa investigación para obtener su respuesta. Veamos cuál es en este caso.

Recordemos que las ballenas son mamíferos marinos que se alimentan de organismos muy pequeños, lo que contrasta con su gigantesco tamaño. De hecho, la ballena azul es el animal más grande que jamás ha vivido en el planeta, más grande aún que el mayor de los dinosaurios.

El método de alimentación de las ballenas es extraordinario, ya que estos animales carecen de dientes. Estos han sido sustituidos por las llamadas "barbas", formadas no por material óseo, sino por miles de filamentos de queratina, la proteína de uñas y cuernos. Esta adaptación biológica se debe a que en un momento de su evolución las ballenas comenzaron a alimentarse de organismos en suspensión, que son muy numerosos y proporcionan una abundante fuente nutritiva. Las barbas permiten a las ballenas introducir en su enorme boca grandes cantidades de agua marina rica en organismos vivos, agua que luego expulsan con la boca cerrada filtrándola a través de las barbas y reteniendo así a los organismos en su interior. Las barbas permitieron de este modo una alimentación más eficiente que, añadida a otros factores, condujo a que las ballenas aumentaran su tamaño.

Curiosamente, el aumento de tamaño, acompañado de una boca mayor, permitió a las ballenas más grandes capturar mayores cantidades de alimento y crecer todavía más, hasta adquirir los tamaños actuales, que se encuentran en equilibro entre la energía que pueden conseguir con el alimento que capturan y lo que necesitan gastar para mantener y mover un cuerpo de esas dimensiones. El aumento de tamaño se vio, además, favorecido por el hecho de que capturar organismos en suspensión en el agua, en general muy abundantes, no requiere invertir una gran cantidad de energía en el proceso.

RÁPIDO CRECIMIENTO

Las ballenas no son los únicos animales que se han alimentado de organismos en suspensión a lo largo de la historia evolutiva. Este tipo de alimentación ha aparecido varias veces en la evolución de diferentes clases de animales. Por ejemplo, también se alimenta de este modo el tiburón ballena, que es el pez de mayor tamaño conocido, ya que puede llegar a medir más de doce metros de largo.

Los científicos no conocen aún con precisión los procesos que conducen al gigantismo en algunas clases de animales. Se han avanzado diversas hipótesis que intentan explicarlo, las cuales no solo consideran la disponibilidad de abundante alimento, sino también otros factores que pueden dirigir la evolución de una especie hacia el aumento desmesurado de tamaño, como, por ejemplo, una mayor dificultad para ser capturado por predadores.

Algunas de estas hipótesis predicen que, dada una adecuada disponibilidad de alimento, el gigantismo debe producirse pronto. Para comprobar si estas hipótesis están en lo cierto, los investigadores analizan el registro fósil de las ballenas desde hace 30 millones de años, de acuerdo con los últimos descubrimientos en el área de la filogenia, es decir, descubrimientos sobre la relación en el tiempo de las especies que han evolucionado a partir de un ancestro común.

Un descubrimiento sobre la filogenia de las ballenas que ha resultado determinante para este análisis ha sido la demostración de que, utilizando ciertos procedimientos, el tamaño de sus cuerpos puede deducirse a partir del tamaño de sus cráneos, cuyos huesos fosilizados se encuentran entre los más comunes. De este modo, los investigadores analizan cientos de fósiles, pertenecientes a 63 especies de ballenas diferentes.

Los resultados de este estudio indican que el gigantismo de las ballenas (definido este cuando se alcanzan longitudes de más de 10 metros), surgió hace solo unos 4,5 millones de años. A partir de entonces, no solo aparecieron especies de ballenas de mayor tamaño, sino que las especies de menor tamaño desaparecieron. Claramente, una fuerza evolutiva forzó a las ballenas a crecer más y más.

Los científicos indican que este rápido crecimiento se debe a cambios drásticos en la disponibilidad de alimento en suspensión en los océanos, debidos a importantes cambios climáticos. Entre estos cambios, se encuentran las glaciaciones, que tuvieron el efecto de concentrar el fitoplancton y los pequeños animales que se alimentan de él en las regiones cálidas del planeta. Esto facilitó la alimentación de las ballenas e impulsó su crecimiento.

Si cambios climáticos fueron la causa del crecimiento desmesurado de las ballenas, cambios climáticos pueden ser también causa de su extinción. Esperemos que las próximas generaciones sean mejores que las nuestras en la gestión del planeta y no permitan que estos extraordinarios animales desaparezcan.

Referencia: Graham J. Slater et al. Independent evolution of baleen whale gigantism linked to Plio-Pleistocene ocean dynamics. Proc. R. Soc. B 284: 20170546. http://dx.doi.org/10.1098/rspb.2017.0546

2 de julio de 2017

POBREZA INTELECTUAL

La pobreza puede ejercer un gran efecto sobre la inteligencia

PROBABLEMENTE DEBIDO A la crisis financiera y económica y al aumento de la desigualdad, últimamente se está dedicando esfuerzo a investigar los efectos de la pobreza, tanto desde el punto de vista social como personal. No es para menos, porque, de acuerdo con los últimos datos, solo las ocho personas más ricas del mundo acumulan tanta riqueza como los tres mil quinientos millones de personas más pobres. Pausa para reflexionar.

Es de sobra conocido que existe una correlación entre el nivel socioeconómico de las familias y las calificaciones escolares. Los hijos de las familias ricas, que, entre otras cosas, tienen dinero para comprar libros y más tiempo libre para leerlos, suelen conseguir mayores tasas de éxito escolar.

Las razones de esta indudable correlación no están determinadas con claridad. Puede deberse al nivel socioeconómico, pero puede también deberse a los genes. Al fin y al cabo, "malos" genes podrían afectar poder alcanzar un nivel socioeconómico u otro. De hecho, el nivel de inteligencia personal es el que mejor predice el nivel económico y social que alguien alcanzará en la vida, y la ciencia ha llegado a la conclusión de que el nivel de inteligencia de cada uno depende en gran medida de los genes que le han tocado heredar.

Sin embargo, investigaciones recientes indican que la pobreza puede ejercer también un gran efecto sobre la inteligencia. En una serie de interesantísimos experimentos, el doctor Eldar Shafir, profesor de ciencia del comportamiento y asuntos públicos de la Universidad de Princeton, EE.UU., concluye que la pobreza disminuye significativamente el nivel de inteligencia de quienes la padecen. Este efecto es reversible, y la mejora de las condiciones económicas aumenta el nivel de inteligencia. Veamos cómo se realizaron estos experimentos para intentar desembarazarnos de la sorpresa, e incluso rechazo, que, sin duda, estas afirmaciones producen.

En un primer experimento, realizado con clientes de un centro comercial, el Dr. Shafir propuso a los participantes dos problemas económicos, uno sencillo y otro más difícil. El problema era que tenían que pagar la reparación de una avería en su automóvil. En el problema fácil, la reparación costaba 150 dólares; en el problema difícil, 1.500 dólares. Cada participante debía pensar en cómo conseguir el dinero para reparar el vehículo.

Mientras estaban pensando en cómo solucionar este problema, el Dr. Shafir hizo pasar a los participantes unos test de inteligencia bien conocidos y validados. Los resultados indicaron que los ricos se desenvolvían igual de bien en los tests, independientemente del problema que les hubiese tocado resolver. Los más desfavorecidos económicamente, sin embargo, se desenvolvían mucho peor en el caso de que les hubiera tocado resolver el problema difícil. Estos perdían una media de entre 12 y 13 puntos de cociente intelectual si tenían que resolver el problema de cómo conseguir 1.500 dólares para reparar el automóvil que si tenían que resolver el problema de cómo conseguir 150 dólares para el mismo fin.

MÁS TONTO QUE EL HAMBRE

Doce o trece puntos de cociente intelectual es una enorme diferencia en inteligencia, suficiente para desplazar un nivel de inteligencia normal a cerca del nivel de superdotado, o de rebajarlo a alrededor del nivel de discapacidad intelectual moderada. Estos datos resultaron tan sorprendentes que muchos los consideraron inexactos. Bien es cierto que entre los clientes de un centro comercial existen muchos otros contrastes, además de su nivel socioeconómico, que podrían explicar las diferencias en su capacidad cognitiva frente a los tests a los que se les sometía.

Para evitar este sesgo, el Dr. Shafir realizó otro experimento. En este, utilizó una condición socioeconómica periódica que sucedía en una región de la India. Los habitantes de esta región eran agricultores de la caña de azúcar y se encontraban en una situación de riqueza justo tras haber vendido la cosecha, pero en una situación de pobreza unos dos meses antes de la siguiente cosecha. Por consiguiente, en este caso, eran las mismas personas las que se encontraban siendo ricas o pobres en diferentes periodos del año.

El Dr. Shafir sometió a estas personas a un problema económico similar al anterior, fácil o difícil, y mientras intentaban resolverlo les sometió igualmente a los mismos tests cognitivos que determinan en nivel de inteligencia. Los resultados no dejaron lugar a la duda: Justo después de vender la cosecha, los participantes demostraron poseer un nivel de inteligencia entre 8 y 9 puntos superior a cuando faltaban dos meses para la recolección. En este caso, la genética y otros factores no pueden ser los responsables de este efecto, ya que estamos estudiando a las mismas personas. Solo las condiciones económicas son diferentes.

El Dr. Shafir mantiene que la situación cognitiva en la que nos coloca tener que resolver los graves problemas asociados a la pobreza no deja suficientes recursos al cerebro para ocuparse de otros problemas cognitivos menos acuciantes, lo que resulta en una disminución operativa de la inteligencia. Sea como sea, otros estudios recientes vienen a confirmar los relatados aquí, e indican que la pobreza ejerce un efecto a largo plazo sobre el nivel de inteligencia. Aquellos expuestos a niveles de pobreza por largos periodos de tiempo muestran menor nivel de inteligencia que los expuestos a la pobreza intermitentemente en sus vidas, quienes, a su vez, muestran un menor nivel de inteligencia que quienes nunca han sufrido la pobreza. Estos estudios se unen a otros que también indican que el desarrollo cerebral en la infancia está igualmente afectado por la pobreza y la limitada calidad de los cuidados que las familias pobres pueden ofrecer a sus hijos.

Estos estudios científicos indican, por consiguiente, que la injusticia social y la desigualdad que conduce a la pobreza ejercen efectos importantes sobre el funcionamiento del cerebro y el nivel de inteligencia de las personas. Estos datos suponen una evidencia importante y dramática más sobre los efectos de la pobreza que no podemos ignorar.

Referencia: Mullainathan, Sendhil; Sharif, Eldar. Scarcity: Why Having Too Little Means So Much. Penguin Books Ltd. ISBN-10: 1846143454. ISBN-13: 978-1846143458

9 de julio de 2017

PROBIÓTICOS Y LONGEVIDAD

Se han observado cambios en la flora de personas ancianas que afectan negativamente a su salud

EL PROGRESO TAMBIÉN acarrea algunas consecuencias negativas. Por ejemplo, gracias al progreso en el área de la salud, la esperanza de vida se ha disparado en las últimas décadas y con ella se está produciendo un envejecimiento generalizado de la población que amenaza con desestabilizar las sociedades en muchas zonas del planeta.

Por esta razón, algunos pensamos que son necesarias soluciones derivadas de la ciencia. Sería estupendo si algunos avances permitieran que, a pesar de envejecer, pudiéramos hacerlo sin ser dependientes de cuidados externos sino hasta bien superados los 100 años, por poner un límite de edad razonable.

La investigación científica sobre el envejecimiento, que promete acercarnos a este utópico objetivo, se desarrolla en dos frentes principales. El primero es el descubrimiento y la comprensión de los mecanismos biológicos y procesos del envejecimiento. El segundo, es el estudio de estrategias de intervención sobre estos procesos para frenarlos o disminuirlos.

Estudios recientes sugieren, en efecto, que nuestra querida flora intestinal podría ser una rica fuente de productos probióticos capaces de retrasar eficazmente el envejecimiento. Los cientos de especies bacterianas que pueblan el intestino generan sustancias fundamentales para el correcto funcionamiento del organismo que las hospeda. Además, se han observado cambios en la flora de personas ancianas que afectan negativamente a su salud, e intervenciones para modificar esta flora han resultado en mejoras en el estado de estas personas.

Estos últimos son descubrimientos esperanzadores; sin embargo, plantean el enorme problema de cómo encontrar entre los cientos de especies bacterianas de la flora aquellas, probablemente solo unas pocas, más beneficiosas, y analizar qué productos generan. Estos, una vez conocidos, podrían ser sintetizados y fabricados en grandes cantidades, y administrados farmacológicamente para retrasar el envejecimiento y mejorar la salud de todos.

El estudio de los efectos de especies bacterianas individuales sobre el envejecimiento no puede realizarse en seres humanos, ni siquiera en ratones de laboratorio. Son sistemas biológicos demasiados complejos y afectados por numerosas variables genéticas y ambientales, y también por consideraciones éticas. Es necesario un sistema más sencillo, capaz de ser modificado de modo que podamos conseguir que solo una especie de bacteria, y solo ella, pueble el intestino del animal para determinar así sus efectos de manera inequívoca. ¿Qué animal podríamos utilizar para conseguir este objetivo?

EL GUSANILLO DE LA JUVENTUD

Afortunadamente, este animal existe y es comúnmente utilizado en muchos laboratorios. Se trata del minúsculo gusanillo llamado *Caernohabditis elegans,* compuesto por exactamente 1.031 células en el caso del macho y por 959 células en el caso de la hembra. Este pequeño animalillo puede criarse en condiciones completamente estériles en el laboratorio, es decir, en ausencia de cualquier bacteria o microorganismo, para dejar luego que su intestino sea colonizado por una sola especie de bacteria

Puesto que estos gusanillos solo viven entre dos y tres semanas, resulta sencillo estudiar el efecto que cada especie bacteriana que se ha utilizado para colonizar el intestino ejerce sobre la longevidad de este animal. Los estudios realizados mediante este método han revelado que ciertas especies de bacterias alargan sustancialmente la longevidad del animalillo. Sin embargo, hasta ahora no se había realizado un estudio exhaustivo y sistemático de los efectos que las diversas especies de la flora ejercen sobre la longevidad. Tampoco se habían estudiado los productos probióticos que pudieran ser los responsables de sus efectos.

Este estudio es el que han realizado ahora investigadores de la Facultad de Medicina de Baylor, en Houston, Texas. Los investigadores utilizan una colección de variantes bacterianas de la especie *Escherichia coli,* que también puebla nuestros intestinos. Cada una de estas variantes es mutante de un gen determinado que ha dejado de funcionar en ella, a pesar de lo cual la bacteria sigue viva. La carencia de uno u otro de los genes bacterianos, sin embargo, podría afectar a la longevidad del gusano, al impedir tal vez la generación de una sustancia probiótica beneficiosa o, al contrario, al producir una sustancia defectuosa que ejerce efectos perniciosos.

Los investigadores dejaron crecer y envejecer a estos gusanos con sus intestinos colonizados por solo una de las bacterias mutantes de la colección y determinaron su longevidad. Los científicos descubren de este modo que 29 variantes mutantes de la bacteria *E. coli* son capaces de alargar la vida de este animal en más de un 10%, una proporción que en el caso de la especie humana supondría alargar la vida alrededor de ocho años. Veintiuno de estos mutantes alargaron la vida incluso si fueron introducidos en el intestino del animal cuando ya era adulto, no ya desde su nacimiento. Además, una docena de estas variantes bacterianas protegieron al gusano del desarrollo de tumores y de la acumulación de placas amiloides propias de la enfermedad de Alzheimer.

Los análisis realizados para averiguar qué sustancias producidas por las bacterias podrían ser las responsables de estos efectos descubrieron que cinco de estos mutantes generan el llamado ácido colánico, un hidrato de carbono complejo que es excretado por las bacterias al medio externo. Este compuesto ejerce un efecto sobre las mitocondrias, los orgánulos generadores de la energía química necesaria para la vida, lo que podría explicar sus efectos sobre la longevidad.

Queda aún mucho por estudiar antes de poder utilizar este u otros compuestos aún por determinar para alargarnos la vida o mejorar la salud. Todo tiene orígenes humildes y, en este caso, un simple y pequeño gusano puede ser la llave hacia un gran progreso para la Humanidad.

Referencia: Han et al., Microbial Genetic Composition Tunes Host Longevity, Cell (2017), http://dx.doi.org/10.1016/j.cell.2017.05.036

16 de julio de 2017

Una inteligencia artificial más natural

Desarrollan un nuevo algoritmo que demuestra superar a la inteligencia humana en el razonamiento relacional

En 1950, el genio de la ciencia Alan Turing, artífice del desciframiento del código Enigma en la Segunda Guerra Mundial, lo que aceleró el fin de esta guerra y salvó millones de vidas, propuso lo que después se llamó el "Test de Turing". Es este un procedimiento para intentar averiguar si un ordenador es inteligente en un nivel similar a un ser humano. El test supone que, si una persona no puede distinguir entre un ordenador y otra persona mientras conversan sobre diversos temas a través de un medio electrónico (de modo que la persona solo pueda basarse en la conversación y no en otros signos para decidir quién es uno y otro), deberemos concluir que el ordenador posee una inteligencia similar a la humana.

Desde hace décadas, los ordenadores han superado a los humanos en muchos tipos de razonamientos y capacidades. Sin embargo, la inteligencia artificial (IA) no ha podido superar, ni siquiera acercarse, a la inteligencia humana en algunos aspectos del razonamiento. En particular, la IA no ha abandonado aún el estado de tontuna artificial (TA) en el caso de un tipo de razonamiento, llamado razonamiento relacional.

¿Qué es el razonamiento relacional? Resulta que es el tipo de razonamiento más común y cotidiano de los seres humanos. Predecir quien será el siguiente en morir en Juego de Tronos, o decidir qué vino sacar a la mesa para acompañar un plato de carne son ejemplos de razonamientos relacionales. En ellos, usamos las relaciones entre personas u objetos para extraer conclusiones o incluso predecir el futuro con una cierta precisión. El lenguaje, por supuesto, también utiliza el razonamiento relacional tanto para su generación como para su comprensión. La relación de las diferentes palabras entre sí y su posición relativa en la frase son claves para el significado de lo que decimos, leemos, escribimos u oímos.

Una dificultad de este razonamiento en el caso de la IA es la escasa estructura de datos que necesita. Esta escasa estructura conlleva que sea muy difícil para los ordenadores razonar de este modo. Descubrir las relaciones y extraer conclusiones sobre ellas ha resultado una tarea muy difícil hasta para los más potentes ordenadores.

Ahora, informáticos de la empresa *Deepmind* desarrollan un nuevo algoritmo basado en el diseño de redes neuronales que demuestra no ya igualar, sino superar a la inteligencia humana en el razonamiento relacional. Recordemos que un algoritmo no es sino un conjunto de instrucciones que deben seguirse para resolver un problema. Los algoritmos están a la orden del día en ordenadores, móviles y numerosos aparatos electrónicos. Muchos toman ya decisiones financieras o incluso médicas. Poco a poco, los algoritmos están controlando el mundo, y controlándonos también a nosotros.

¿PIEDRA O GARBANZO?

Una red neuronal es la simulación por ordenador de las conexiones entre neuronas y su modificación plástica en el tiempo, dependiendo de la información que llega desde el exterior. Esta conectividad variable entre neuronas es lo que permite el aprendizaje, que no es otra cosa que ir modificando el *output* dado a un determinado *input* hasta que el *output* es correcto. La red neuronal procesa datos como *inputs* para generar *outputs*, con la particularidad de que estos *outputs* (correctos o incorrectos) pueden ser utilizados en un nuevo ciclo como parte de un nuevo *input* para ir modificando las conexiones y los *outputs* subsiguientes hasta dar con el *output* correcto.

Por ejemplo, una red neuronal sencilla podría ser programada para distinguir entre una piedra y un garbanzo. Como *input* podrían utilizarse imágenes de piedras y de garbanzos. Si la red neuronal interpreta una imagen como una piedra su *output* sería encender una luz verde; si ve un garbanzo, una luz roja. Al principio, es normal que la red se equivoque y que al ver un garbanzo encienda la luz equivocada, la verde. La información de que se ha equivocado, sin embargo, puede ahora utilizarse para modificar las conexiones entre las neuronas de manera que se vaya haciendo más probable que se encienda la luz correcta en ambos casos, garbanzo o piedra. Tras repetir este ciclo varias veces, la red habrá aprendido a distinguir entre las dos cosas y se equivocará muy pocas veces.

La capacidad de aprendizaje de las redes neuronales las acerca a la inteligencia humana. Sin embargo, para conseguir realmente una inteligencia similar a la humana es necesario utilizar una combinación de redes neuronales de modo que cada una de ellas realice una parte de una tarea global más compleja, en este caso aprender no a distinguir entre objetos, sino a identificar relaciones entre ellos y aprender a usar estas relaciones para resolver problemas.

Esto es lo que parecen haber conseguido los investigadores de *Deepmind*, empresa adquirida por Google en 2014. Los informáticos diseñaron un conjunto de redes neuronales por ordenador que fue capaz de aprender a responder correctamente a preguntas relativas a relaciones entre objetos. Por ejemplo: ¿es el objeto a la derecha del cubo del mismo color que el que se encuentra a la izquierda de la esfera?

Utilizando muchas imágenes y preguntas, así como las respuestas erróneas o acertadas que iba generando, la red neuronal fue aprendiendo a establecer las relaciones. Tras este entrenamiento, fue capaz de responder con un 96% de exactitud a cualquier pregunta relativa a los objetos, lo que los humanos solo pudieron hacer un 92% de las veces.

Los informáticos probaron también su red neuronal en pruebas de inferencia lógica. El algoritmo extrajo la conclusión correcta el 98% de las veces. En aún otra prueba, analizando el movimiento de rebote de un conjunto de bolas, el algoritmo fue capaz de identificar cuáles de esas bolas estaban unidas por un hilo.

Estos avances nos acercan al día en que la AI superará en todos los aspectos a la inteligencia humana, día que, sin duda, marcará un antes y un después en la historia de la Humanidad. Muchos que hoy estáis leyendo esto viviréis ese día.

Referencia: Adam Santoro et al. (2017). A simple neural network module for relational reasoning. https://arxiv.org/abs/1706.01427

23 de julio de 2017

NEUROCIENCIA CONTRA LA PEDERASTIA

El test determina el volumen de sangre que entra en el pene cuando este se encuentra introducido en un tubo sellado

SOLEMOS CONSIDERAR QUE las enfermedades son desequilibrios orgánicos que afectan al cuerpo o a la mente y que generan sufrimiento a quien las padece. Sin embargo, la ciencia ha ido descubriendo que existen enfermedades que generan sufrimiento no a quien las padece, sino a los demás.

Entre estas enfermedades se encuentran, sobre todo, enfermedades que afectan al comportamiento; en particular, las desviaciones del comportamiento sexual, algunas de las cuales conducen a extraer placer de las violaciones, conocida como biastofilia, o sentir atracción sexual por los niños, conocida como pederastia. Sin duda, violadores y pederastas generan una enorme cantidad de sufrimiento a su alrededor. Afortunadamente, nuevas investigaciones prometen proporcionar herramientas fiables para determinar la extensión en la que alguien puede experimentar tendencias pederastas, las haya podido controlar o no. Esta información podría ser utilizada para prevenir, en determinados casos de riesgo, este comportamiento inapropiado y dañino, al igual que la información de ciertos test médicos puede ser empleada para intentar prevenir otras enfermedades, como la diabetes, por ejemplo.

La forma en que las sociedades han intentado resolver los problemas causados por las desviaciones sexuales que generan abusos ha sido la vía legal y penal. Al margen del espinoso problema de si las personas que han cometido un crimen sexual han sido o no libres (y por tanto responsables) de cometerlo o son, en efecto, enfermos mentales carentes de libertad para controlar sus tendencias violentas, la estrategia penal tiene el problema de que solo podemos eliminar de la circulación a personas que ya han cometido un crimen sexual. No podemos identificar *a priori* a personas con riesgo de convertirse en pederastas para ofrecerles, tal vez, un tratamiento que lo impida.

Algunos neurocientíficos que han estudiado estos temas abogan por un cambio de paradigma social en la manera de tratar estos problemas. Este cambio supone disminuir la criminalización y penalización de estas conductas, que no parece haya dado el resultado de eliminarlas o ni siquiera disminuirlas, y abrazar un modo de actuación basado en la salud pública, ya que estamos tratando con enfermos. Curiosamente, la vía médica ya se usa en algunos países en combinación con la penal para determinar el riesgo de reincidencia de pederastas condenados que han cumplido su pena y que, por esta razón, en principio, deberían ser liberados, pero que, si lo son, podrían volver a abusar de los niños.

Para determinar el riesgo de reincidencia pederasta se utiliza (aunque no sé si en España se hace) el denominado test falométrico, también conocido como pletismografía peneana. Este test se basa en que el pene incrementa, siquiera un poco, su tamaño cuando un hombre interpreta un estímulo como sexualmente atractivo. El test determina el volumen de sangre que entra en el pene cuando este se encuentra introducido en un tubo sellado, en el cual se pueden medir los cambios de presión del aire atrapado en su interior, causados por los cambios de tamaño del pene. Alternativamente a este procedimiento, se pueden determinar los cambios en la circunferencia del mismo producidos en respuesta a los estímulos mostrados.

Sin embargo, este test no es del todo fiable para determinar el riesgo de reincidencia de un preso pederasta. Quienes no superan este test en las primeras ocasiones, sabiendo que si lo superan serán liberados, aprenden a controlarse y, finalmente, acaban superándolo y siendo liberados. Por supuesto, muchos vuelven a reincidir. Desafortunadamente, noticias de este tipo no son infrecuentes.

DIAGNÓSTICO RESONANTE

Sería pues necesario un test más fiable. Un grupo de científicos de la Universidad de Gottingen, en Alemania proponen utilizar ahora la resonancia magnética funcional (RMNf) para determinar el grado de excitación sexual sin que los sujetos puedan hacer nada por controlarlo. Recordemos que la RMNf permite determinar qué regiones del cerebro se activan en respuesta a estímulos, o al realizar una tarea intelectual. En este caso, los científicos estudian en 24 personas heterosexuales el efecto de estímulos sexuales subliminales (estímulos presentados por tan corto espacio de tiempo que solo se perciben de forma inconsciente), sobre la activación de las áreas del cerebro implicadas en el procesamiento de la información sexual.

Los estímulos, sexuales o neutros (fotos de mujeres u hombres semidesnudos, o paisajes, edificios, etc.), son presentados por solo 16,7 milisegundos. Tras este breve estímulo, sigue otra imagen, presentada por 483,3 milisegundos (medio segundo en total). Este último estímulo ya no es de naturaleza sexual y puede ser una imagen sin sentido, de finos puntos blancos y negros al azar, o, al contrario, una imagen con sentido: un paisaje, un edificio, etc. Esta imagen sí alcanza la consciencia y. por ello, puede enmascarar el efecto ejercido por la primera imagen.

Así es. Aunque ninguno de los participantes manifiesta ser consciente de haber percibido las imágenes de contenido sexual, la RMNf mostró que las áreas cerebrales implicadas en la excitación sexual se activaron, pero solo en aquellos que habían visto una imagen sin sentido tras la imagen subliminal. La imagen sin sentido es incapaz de enmascarar la imagen subliminal precedente y esta puede ejercer sus efectos de manera inconsciente.

Estos estudios deben tomarse con la prudente cautela que aconseja cualquier estudio científico realizado con una pequeña muestra de personas. Sin embargo, abren una nueva posibilidad para diagnosticar, sí, diagnosticar, la pedofilia y otras desviaciones del comportamiento sexual que no conducen a una relación equilibrada y consentida entre adultos. Esperemos que puedan contribuir a poner freno a esta plaga tan extendida en algunas instituciones que seguramente Dios y más de un Papa prefieren que no mencione aquí.

Referencia: Martina Wernicke et al. (2017). Neural correlates of subliminally presented visual sexual stimuli. http://dx.doi.org/10.1016/j.concog.2016.12.011

30 de julio de 2017

HUELE QUE ALIMENTA, Y ENGORDA

El sentido del olfato ejerce por sí mismo un papel muy importante en la regulación del peso corporal

SUELE DECIRSE QUE comenzamos a comer por los ojos o por el olfato. Sin embargo, probablemente nadie piensa que se pueda engordar comiendo por los ojos o tan solo percibiendo los deliciosos aromas de un plato bien preparado. El dicho popular que da título a este artículo: "huele que alimenta", no es sino una metáfora para expresar lo apetitoso que encontramos determinados platos. El olor de una buena comida, por supuesto, no nos va a engordar. ¿O sí?

Por si acaso, tapémonos las fosas nasales antes de sumergirnos en lo que sigue, porque un grupo de investigadores estadounidenses y alemanes ha descubierto que el sentido del olfato, al menos en los ratones, ejerce por sí mismo un papel muy importante en la regulación del peso corporal y en el desarrollo de la obesidad. Veamos cómo han conseguido alcanzar esta sorprendente conclusión.

La ciencia ha revelado que el equilibrio entre la ingesta y el consumo de la energía procedente de los nutrientes depende de una intrincada red de factores, tanto hormonales como neurológicos. Estos últimos son muy importantes y permiten a los animales adaptarse rápidamente a cambios en la disponibilidad de alimento, cambios que pueden ser drásticos en algunas situaciones. Así, el sistema nervioso central posee circuitos neuronales que integran la información externa y desencadenan las respuestas fisiológicas adecuadas de manera autónoma e inconsciente. Estas respuestas incluyen la secreción de hormonas pancreáticas, el almacenamiento de grasas o su liberación, la generación de calor a partir de la oxidación de las grasas, o el almacenamiento o liberación de glucosa.

Entre las señales que nos llegan de los sentidos no cabe duda de que los estímulos olfativos influyen de manera importante sobre el tipo de alimentos que preferimos y el apetito que podemos sentir por ellos. Por esta razón, los investigadores se dijeron que el olfato podría ejercer una importante función en la regulación del equilibrio energético. De hecho, ya sabían que los estímulos olfativos activan regiones del hipotálamo, una región del cerebro que regula aspectos importantes del comportamiento alimenticio, como la sensación de hambre. Además, el estado nutricional afecta a la sensibilidad del olfato. Esta es elevada cuando se tiene hambre, pero disminuye drásticamente tras haber comido. El mismo plato cocinado no huele igual de apetitoso con hambre que sin ella.

EXTIRPACIÓN MOLECULAR DEL OLFATO

Para comprobar si el olfato desempeña algún papel en el control del peso corporal sería necesario estudiar qué sucede en personas, o al menos en animales, que carezcan del sentido del olfato o, al contrario, que posean un sentido del olfato superior al normal, y estudiar qué sucede con su apetito y peso corporal. Identificar a este tipo de personas o animales es muy difícil.

Afortunadamente, las actuales técnicas de manipulación genética permiten generar ratones de laboratorio que carecen del sentido del olfato. La manipulación que emplearon los investigadores consistió en introducir un gen en su genoma, el cual produce una proteína receptora para la toxina de la difteria. Este gen artificial fue diseñado de tal forma que solo funciona en las neuronas olfativas, por lo que estas son ahora muy sensibles a la toxina. Al administrar a estos ratones una pequeña dosis de toxina de la difteria, solo las neuronas olfativas son afectadas y mueren, consiguiendo así que los ratones pierdan el sentido del olfato.

Los científicos observaron que los ratones a los que se había hecho perder el olfato perdían también peso, alrededor de un 16% del peso corporal que tenían antes de perder este sentido. Como una primera hipótesis para explicar esta observación, los investigadores propusieron que los ratones sin olfato comían menos que los normales. Sin embargo, cuando midieron las calorías que unos y otros animales ingerían comprobaron que no había diferencia. Tampoco había diferencias en la cantidad de nutrientes absorbidos por el intestino, ni en la cantidad de excrementos producidos. Por consiguiente, la pérdida de peso asociada a la pérdida del olfato tenía que ser debida a otras causas.

Curiosamente, la pérdida de peso se producía incluso cuando se sometía a los ratones a comer forzosamente una dieta rica en grasas, lo que los convierte en obesos. En este caso, una vez obesos, el tratamiento con la toxina de la difteria para hacerles perder el olfato condujo a una pérdida de peso de un tercio del peso inicial, lo que es verdaderamente enorme. Para una persona, supondría pasar de pesar 100 kilos a pesar solo 67.

Si la pérdida del olfato conduce a una pérdida de peso, ¿podría un olfato superior al normal conducir a una ganancia de este, incluso a la obesidad? Para comprobarlo, los científicos generaron un ratón con un súper olfato también mediante manipulación genética. Estos ratones ganaron peso y desarrollaron enfermedades metabólicas como la resistencia a la insulina, es decir, se convirtieron en diabéticos de tipo dos.

Los científicos no conocen con certeza todavía los mecanismos moleculares y fisiológicos que conducen desde la nariz a la obesidad, o tal vez incluso también a la anorexia, pero observan que los animales sin olfato poseen elevados niveles de adrenalina en sangre, una hormona que participa en la movilización de azúcares y grasas, y poseen una mayor cantidad y actividad del tejido adiposo marrón, encargado de la quema de grasas para generar calor y asociado a un efecto protector sobre la obesidad. No obstante, es todavía desconocido cómo el olfato genera estos efectos.

Estos estudios tal vez permitirán el desarrollo de estrategias basadas en la manipulación del olfato para combatir la obesidad o controlar el apetito. Quizá un perfume adelgazador, en lugar de embriagador, sea lo próximo que nos encontremos, de venta en farmacias.

Referencia: Riera et al., The Sense of Smell Impacts Metabolic Health and Obesity, Cell Metabolism (2017), http://dx.doi.org/10.1016/j.cmet.2017.06.015

6 de agosto de 2017

RITMOS GENÉTICOS AL CALOR DE LOS CUERPOS

Que seamos de "sangre caliente" no quiere decir que siempre estemos a la misma temperatura

NO RESULTARÁ NINGUNA sorpresa para nadie si afirmo que una de las características de la vida es su capacidad de adaptación a los cambios del entorno. Mientras los comunes de los mortales podemos pensar que la adaptación a estas cambiantes condiciones consiste, en el caso de los animales, en refugiarse cuando llueve o hace frío, o en buscar alimento cuando se siente hambre, los biólogos moleculares, esos raros científicos que estudian cómo de una mera danza molecular obediente a las leyes de la química surge la vida, saben que la adaptación a las condiciones del entorno conlleva un cambio en el funcionamiento de los genes localizados en el núcleo de las células.

Y es que ninguna célula puede permitirse el lujo de vivir por encima de sus posibilidades genéticas. La genética es más dura que la economía en tiempos de crisis y solo cuando las células tienen funcionando los genes correctos para las circunstancias en las que se encuentran en un momento dado pueden desempeñar correctamente sus funciones de acuerdo con dichas circunstancias y colaborar con las demás en mantener con vida a todo el organismo.

Como es conocido, uno de los cambios del entorno lo constituyen los ritmos diarios, el ciclo interminable de días y de noches. Estos ciclos en el entorno han obligado a los seres vivos a adaptarse a ellos mediante la generación de ritmos circadianos controlados por ciertos genes. En respuesta a estímulos como el cambio en la luminosidad externa, las células del sistema nervioso generan varias señales que afectan al funcionamiento de otras. Estas señales incluyen cambios hormonales que controlan los ciclos de alimentación diaria, así como oscilaciones en la temperatura corporal.

Todos estos cambios están controlados por un "reloj genético". Un componente central de este "reloj" es un gen que produce una proteína apropiadamente llamada CLOCK. CLOCK es un factor de transcripción, es decir, una proteína que regula la tasa de funcionamiento de los genes con los que interactúa. La fluctuación diaria en la producción de CLOCK afecta así al funcionamiento de cientos de genes de manera cíclica. Estos cambios en el funcionamiento de estos genes son los que finalmente resultan en la adaptación de los organismos a los ciclos circadianos.

Sin embargo, la tasa de funcionamiento de los genes no es el único mecanismo para controlarlos. Otro mecanismo universal que afecta al funcionamiento de las proteínas producidas por los genes, que son las ejecutoras últimas de las funciones celulares, es el llamado procesamiento alternativo del ARN.

Como sabemos, los genes no contienen información de manera contigua, sino fragmentada. El ADN contiene fragmentos con información para generar proteínas y fragmentos que no poseen esta información. Ambos tipos de fragmentos se encuentran juntos en el ADN y cuando se produce el ARN mensajero a partir de cualquier gen. Recordemos que el ARN mensajero es el ácido nucleico que transporta el mensaje almacenado en el ADN y a partir del cual los ribosomas pueden producir las proteínas.

CONTROL TÉRMICO

Antes de que los ribosomas pueden utilizar correctamente la información, el ARN mensajero debe ser procesado de modo que se eliminen de él los fragmentos que no contienen información útil para generar las proteínas. Sin embargo, en muchas ocasiones, los ARNs mensajeros son procesados de manera que no siempre todos los fragmentos con información son utilizados. En ocasiones, algunos fragmentos con información son excluidos del ARN mensajero final, y en ocasiones, no lo son. Este procesamiento alternativo, que genera ARN mensajeros con información alternativa, conduce a la generación de proteínas diferentes a partir del mismo gen, las cuales pueden ejercer funciones también diferentes, en ocasiones completamente opuestas.

¿Existen ritmos circadianos en el procesamiento alternativo que pueden controlar las proteínas producías a partir de ciertos genes? La investigación ha descubierto que numerosos organismos disponen de ritmos circadianos en el procesamiento alternativo del ARN mensajero. En particular, los organismos de "sangre fría". En ellos, los cambios de temperatura corporal entre el día y la noche, que pueden ser de varios grados, afectan a la maquinaria del procesamiento y consiguen que las proteínas producidas por este mecanismo difieran entre el día y la noche.

Puesto que los mamíferos son organismos de "sangre caliente" inicialmente se supuso que este tipo de mecanismo no podría operar en ellos. Sin embargo, que seamos de "sangre caliente" no quiere decir que siempre estemos a la misma temperatura. De hecho, la temperatura corporal de los mamíferos fluctúa entre el día y la noche. No podemos conciliar el sueño si la temperatura exterior es demasiado alta y esto no permite un descenso de alrededor de un grado en la temperatura corporal, lo que es necesario para caer dormidos.

Por estas razones, investigadores de la universidad de Berlín, en Alemania, estudian si las fluctuaciones de temperatura corporal diarias en los mamíferos no podrían afectar también al procesamiento alternativo del ARN y, con ello, al funcionamiento último de las células del cuerpo. Lo que encuentran es que el normal cambio en la temperatura corporal de un grado centígrado entre el día y la noche es suficiente para generar cambios en el procesamiento alternativo de cientos de genes. De hecho, este mecanismo es tan sensible a la temperatura corporal que puede ser utilizado como un termómetro para determinarla.

Este descubrimiento viene a añadir nueva evidencia sobre los mecanismos que controlan los ritmos circadianos y su importancia. Sé que parece demasiado alarmista y tirado por los pelos, pero es igualmente posible que el cambio climático pueda afectar al funcionamiento de estos mecanismos, lo que sin duda resultará en efectos negativos sobre la salud en general. Es una nueva razón, por si hace falta alguna más, para que reaccionemos frente a este cambio, que lamentablemente no tiene nada de circadiano.

Referencia: Preußner et al., Body Temperature Cycles Control Rhythmic Alternative Splicing in Mammals, Molecular Cell (2017), http://dx.doi.org/10.1016/j.molcel.2017.06.006

13 de agosto de 2017

UNOS POCOS PADRES BUENOS

En esta especie, los padres serían solo los más fuertes y agresivos

ENTRE LOS OBJETIVOS de la actividad científica se encuentra no solo comprender el mundo que nos rodea, sino también comprender el mundo que fabricamos en tanto que seres humanos. ¿Por qué nuestras sociedades son como son y no como las de las abejas o las hormigas? Al margen de consideraciones culturales y sociológicas, es evidente que las sociedades humanas poseen causas biológicas, causas que derivan de la evolución genética y biológica de nuestros ancestros.

El estudio de las causas biológicas que explicarían nuestras sociedades no es siempre fácil ni posible de realizar con humanos. Razones tanto metodológicas como éticas lo impiden. Por ello, una forma de investigar las causas de nuestra organización social es estudiar las sociedades de los simios superiores, en particular las de los chimpancés y las de los bonobos. Estas dos especies de simios son las más cercanas a la especie humana. El ADN humano solo difiere del de estas dos especies de un 1% a un 1,5%.

Los chimpancés y los bonobos comparten muchos rasgos comunes con nosotros, rasgos que, sin embargo, resultan raros en otras especies de mamíferos. Por ejemplo, las tres especies son sociales y cuentan con una elevada dinámica de fusión y de escisión de grupos. Las tres especies muestran igualmente filopatria paterna. La filopatria es la tendencia a permanecer en el lugar donde se ha nacido. Las hembras de las tres especies poseen menor tendencia a este comportamiento, y suelen abandonar el grupo en el que se han criado cuando alcanzan la madurez sexual. Esto implica que grupos de machos relacionados que siguen viviendo juntos, hermanos, primos, tíos, padres, atraen a hembras no relacionadas con ellos, lo que es efectivo para evitar la endogamia. Obviamente, podría ser diferente y ser las hembras las que mostraran filopatria materna, dejando que sean los machos quienes abandonen su grupo al alcanzar la madurez. Esto no sucede en las tres especies de simios superiores, incluida la nuestra (según se deriva del análisis del comportamiento de tribus primitivas), pero sí sucede en otras especies de primates. Cabe preguntarse en qué diferiría nuestra sociedad si nuestros ancestros hubieran desarrollado filopatria materna en lugar de paterna.

A pesar de las numerosas características comunes, los chimpancés y los bonobos difieren en aspectos sustanciales. Uno de los más importantes es que los chimpancés constituyen sociedades dominadas por machos agresivos, lo que no es el caso de los bonobos, donde los individuos dominantes son hembras y las agresiones son mucho más raras. ¿A qué se debe esta importante diferencia?

¿DESDE EL SEXO HASTA EL AMOR?

Una posibilidad que podría explicar esta diferencia es que las hembras de los bonobos son sexualmente receptivas por mucho más tiempo al año que las hembras de los chimpancés, lo que permite a los machos disminuir la presión competitiva por una hembra receptiva. Esto conduciría a una menor selección de rasgos violentos en los machos, e incrementaría las posibilidades de elección de pareja sexual por las hembras.

Si esto es cierto, cabe predecir que habrá un menor número de machos chimpancés que serán padres. En esta especie, los padres serían solo los más fuertes y agresivos, a diferencia de los padres bonobos, que no necesitarían agresividad para disponer de posibilidades reproductivas. Obviamente, estas razones biológicas habrían modificado de forma sustancial las posibilidades de cooperación y de competición en las sociedades de ambas especies.

¿Es esto cierto? ¿Es verdad que solo unos pocos machos chimpancés son padres, solo aquellos que resultan victoriosos en la competición por las hembras?

Investigadores del Instituto Max Planck de antropología evolutiva determinan la frecuencia de paternidad confirmada en comunidades de bonobos y chimpancés que habitan las junglas de la República Democrática del Congo. A lo largo de siete años, los investigadores han podido determinar 191 paternidades en 70 comunidades diferentes de chimpancés y la dominancia de la paternidad de 13 nacimientos en una comunidad de bonobos.

Los extensos análisis estadísticos realizados con los datos obtenidos revelan algo sorprendente: no son los machos chimpancés dominantes quienes más hijos engendran, sino los machos dominantes bonobos, a pesar de su escasa agresividad. Los padres bonobos más prolíficos superan a los chimpancés en porcentaje de todos los nacimientos que han sido engendrados en su comunidad. El macho de más éxito entre los bonobos engendra siempre un mayor número de descendientes que el más exitoso de los machos chimpancés.

¿Cuál puede ser la razón de que los machos bonobos dominantes tengan más éxito que los machos chimpancés dominantes, a pesar de su falta de agresividad y escasa competición entre ellos? Los investigadores suponen que una sociedad dominada por machos puede conducir a que incluso los machos de menor escala social puedan ocasionalmente forzar sexualmente a las hembras, siempre más débiles, y dejarlas preñadas. Esto no sucede en las sociedades de bonobos, en las que los individuos dominantes son hembras. En esta especie, la dominancia de las hembras permite a estas elegir con quien compartir sus genes para engendrar la siguiente generación. No es de extrañar que las hembras elijan a los machos más atractivos, que son solo por ello los más dominantes. Estos no necesitan pelearse entre sí para conseguir reproducirse, solo necesitan dejarse querer. Al mismo tiempo, las sociedades de bonobos, más cohesionadas que las de los chimpancés, y la mayor receptividad de las hembras bonobos, proporcionan oportunidades de sexo para todos que disminuyen el nivel de competición y aumentan el nivel de cooperación.

Estos estudios sugieren que la forma en que las sociedades de simios se organizan depende de las hembras, de su biología y de su comportamiento. De forma inconsciente, dirigidas por los hilos de la evolución, son ellas, directa o indirectamente, las responsables de la organización de las sociedades en las que viven y se reproducen.

Referencia: Martin Surbeck et al. Male reproductive skew is higher in bonobos than chimpanzees Current Biology 27, R1–R3, July 10, 2017

20 de agosto de 2017

NANOPARTÍCULAS ANTIOBESIDAD

La transformación de un tipo celular en otro no es un fenómeno extraño

COMO SABEMOS, LA obesidad es uno de los problemas de salud que está siendo investigado con mayor empeño. El exceso de calorías y la vida sedentaria resultan en una acumulación de grasas en el tejido adiposo blanco, que aumenta su tamaño y proporción con respecto al resto del cuerpo. Este incremento de tejido adiposo blanco conduce a su vez a otro tipo de problemas, como la enfermedad cardiovascular, la depresión, la apnea del sueño, e incluso a la diabetes o al cáncer. La obesidad es una enfermedad que posee un fuerte componente genético, normalmente asociado a los genes que controlan el apetito.

En la actualidad, la obesidad es una epidemia mundial. En 2015, alrededor de 600 millones de adultos y 100 millones de niños eran obesos, y otros tantos millones o más estaban afectados de sobrepeso, una condición en la que, si bien no se alcanzan los criterios clínicos de la obesidad, el peso corporal es no obstante excesivo. Estas cifras han seguido engordando.

Como ya hemos mencionado, la obesidad conduce a un aumento de tejido adiposo blanco, un tejido formado en su mayor parte por un tipo particular de adipocito, la célula almacenadora de grasa por excelencia que, no sorprendentemente, se denomina adipocito blanco. El adipocito blanco ha surgido a lo largo de la evolución como la célula especializada en el almacenamiento de la grasa, grasa que puede así ser acumulada en tiempos de bonanza en previsión de tiempos de penuria alimenticia. El adipocito blanco ha sido y es una célula fundamental para la supervivencia.

No obstante, y por fortuna, el adipocito blanco no es el único tipo de adipocito. Existen también los adipocitos marrones. En lugar de acumular grasas, estos adipocitos están especializados en quemarlas para generar calor. La función de estos adipocitos es crítica tras el nacimiento, momento en el que salimos a un mundo exterior mucho más frio, en todos los sentidos, que el vientre de nuestra madre. Sin la generación de calor por el tejido adiposo marrón, en el que se acumulan estos adipocitos, moriríamos al nacer. Los animales que hibernan poseen igualmente una elevada cantidad de este tejido.

Las diferencias entre los adipocitos blancos y marrones son importantes. Los blancos contienen una sola gota de grasa, bastante grande en comparación a su tamaño celular. Los adipocitos marrones contienen, en cambio, numerosas gotas de grasa más pequeñas (lo que aumenta la superficie de acceso a esa grasa, que puede ser utilizada con rapidez) y, sobre todo, contienen un mucho mayor número de mitocondrias, que contienen hierro, y que por ello son las que confieren el color marrón a ese tejido. Las mitocondrias son los orgánulos encargados de la generación de energía química a partir de los nutrientes y también los encargados de la generación de calor cuando es necesario.

ADIPOCITOS BEIS

Hace unos años, se descubrió la existencia de los adipocitos beis (o beige). Estos adipocitos se encuentran en el interior del tejido adiposo blanco y se originan en el mismo a partir de los blancos en respuesta a diversas circunstancias del entorno, como por ejemplo el frio.

La transformación de un tipo celular en otro no es un fenómeno extraño cuando se trata de células que derivan de una célula madre común, como es el caso de los diferentes adipocitos. Esta transformación no supone en realidad más que un cambio en el funcionamiento de algunos genes, que facultan las misiones de los diferentes tipos celulares de que se trate. En este caso, el cambio de adipocito blanco a beis supone pasar de almacenar grasa a quemarla, por lo que los genes cuyo funcionamiento se ve alterado son los encargados de generar calor, el más importante de los cuales es una proteína de las mitocondrias llamada UCP-1.

Si pudiéramos inducir por algún medio la transformación de adipocitos blancos en beis sería una manera de luchar contra la obesidad. Y bien, la ciencia ha revelado que esta transformación puede inducirse mediante un fármaco que actúa sobre unas proteínas receptoras con las que llevamos trabajando varios años en la Facultad de Medicina de Albacete, desde donde hemos contribuido a aumentar la comprensión de su funcionamiento en el tejido adiposo y en otras células. Se trata de los receptores NOTCH. El fármaco en cuestión, llamado dibenzacepina, inhibe la actividad de estos receptores.

Un grave problema es que los receptores NOTCH no se encuentran solo en el tejido adiposo y su correcto funcionamiento es fundamental para muchos otros tejidos y órganos. No se puede administrar este fármaco de forma indiscriminada, o puede resultar muy tóxico. Su administración debe hacerse de forma controlada.

Investigadores de la Universidad de Purdue, en Indiana, USA, consiguen este objetivo mediante el empleo de nanopartículas. Son estas partículas un millón de veces menores de un milímetro que son capaces de englobar el fármaco en su interior. Cargadas con dibenzacepina e inyectadas en el tejido adiposo blanco de ratones obesos, las partículas fueron captadas por los adipocitos blancos, el fármaco fue liberado en su interior, los receptores NOTCH fueron inhibidos, y los adipocitos blancos se convirtieron en beis. Como resultado, los ratones mejoraron los síntomas de su obesidad, perdieron peso y disminuyeron los niveles de glucosa en sangre.

Estos hallazgos prometen que en el futuro la obesidad pueda ser tratada de manera farmacológica cuando la dieta y el ejercicio físico no lo consigan, lo que mejorará la salud de millones de personas y reducirá los siempre crecientes costes sanitarios.

Referencia: Jiang et al., Dibenzazepine-Loaded Nanoparticles Induce Local Browning of White Adipose Tissue to Counteract Obesity, Molecular Therapy (2017), http://dx.doi.org/10.1016/j.ymthe.2017.05.020

27 de agosto de 2017

COMPRAR TIEMPO, COMPRAR FELICIDAD

A la resolución del problema del hambre y la miseria, la modernidad ha respondido con una hambruna de tiempo

LA MODERNIDAD Y postmodernidad no son evoluciones de la historia que hayan aparecido sin pagar un precio por ellas. Es cierto que, en muchos países, hace unos años considerados pobres y subdesarrollados, el nivel de vida medido en términos económicos ha aumentado de manera espectacular. En mi infancia, China era un país pobre y retrasado, anclado en anacrónicos modos de vida, pobre alimentación y equivocadas ideologías. Hoy, China es la segunda potencia económica mundial y no tardará mucho en ser la primera. Otros países han seguido este ejemplo y del subdesarrollo han pasado al hiperdesarrollo en un abrir y cerrar de carteras y fondos de inversión.

Este rápido crecimiento económico ha ejercido, sin duda, un impacto importante en la vida de miles de millones de personas. Hace unas pocas décadas, esas personas tal vez solo comieran mañana de nuevo arroz blanco, que no paella, pero les sobraba tiempo, su vida era placentera y tranquila y podían incluso meditar sobre la vida, la amistad, las pasiones. Hoy, esas mismas personas no se preocupan sobre qué manjares comerán mañana o pasado, pero se quejan de algo fundamental: no tienen tiempo para nada.

La falta de tiempo es un mal moderno. Hemos llegado a tal nivel de ocupación y tensión diarios que hoy incluso muchos jubilados viven estresados por falta de tiempo, preguntándose cómo podían llegar al final del día antes, cuando trabajaban. Ocuparse del correo electrónico y de ver los videos y contestar los mensajes que nos envían por Whatsapp es ya un trabajo a tiempo completo para muchos. Hijos, nietos, parejas, y tareas diarias dan cuenta del siempre poco tiempo restante.

Las consideraciones anteriores cuentan con evidencia científica. Estudios realizados en Alemania, Corea del Sur y los Estados Unidos indican que cuanto mayores son los ingresos económicos de las personas, de menos tiempo parecen disponer. Además, el estrés ligado a la falta de tiempo, real o percibida, se ha visto asociado a una peor salud, tanto física como mental, a una menor sensación de bienestar, a ansiedad y a insomnio. La falta de tiempo está también asociada a una mala y rápida alimentación diaria y a la falta de ejercicio, una actividad para la que casi nunca tenemos el tiempo necesario, y eso que nuestro bienestar aumentaría sustancialmente si la realizáramos con regularidad. En esas condiciones, el sobrepeso está asegurado. En conclusión, a la resolución del problema del hambre y la miseria, la modernidad ha respondido con una hambruna de tiempo.

EL DINERO ES TIEMPO

¿Cómo hacen frente las personas a esta carencia de tiempo? ¿Podría comprar tiempo con dinero ayudarnos a conseguir una vida mejor? Comprar tiempo no es tan difícil. Se trata simplemente de contratar y pagar a alguien para que haga por nosotros las tareas más aburridas y que más tiempo demandan: la colada, la plancha, la limpieza, la reparación de averías... de manera que podamos dedicar el tiempo que ahorramos a otras tareas más agradables. Igualmente, podemos invertir dinero en dispositivos que nos ahorran tiempo, como aspiradores automáticos, robots de cocina, estaciones de planchado, etc. Al fin y al cabo, mientras no hay límite a la cantidad de dinero que podamos acumular, todos tenemos una cantidad fija de tiempo al día que es imposible modificar.

Los efectos de la compra de tiempo sobre la salud, el bienestar y el nivel de satisfacción con la vida no han sido investigados hasta ahora. Un grupo de investigadores de las universidades de Harvard, de Maastrich y de British Columbia aborda ahora este interesante asunto y publica sus resultados en la revista científica *Proceedings*.

Los investigadores parten de la hipótesis que yo traduzco como hipótesis de la mitigación (*buffering hypothesis* en inglés), para la que existe evidencia a su favor. Esta hipótesis sostiene que el apoyo social es beneficioso para la salud sobre todo si es recibido en tiempos difíciles, cuando es más necesario, es decir, el apoyo social mitiga los efectos del estrés cuando este es excesivo. Si esta hipótesis es correcta, prediciría que comprar tiempo en tiempos de necesidad resultaría en un beneficio para el bienestar y la salud de las personas que decidan invertir su dinero en tiempo y no en bienes materiales.

Los investigadores estudian diversas poblaciones en cuatro países: EE.UU., Canadá, Dinamarca y Holanda. En este último país una serie de millonarios participa también en el estudio. Los científicos someten a estos participantes a varias pruebas en las que exploran su nivel de satisfacción con la vida y lo correlacionan con la cantidad de dinero invertido en comprar tiempo. Igualmente, determinan el nivel de estrés temporal al que los participantes dicen estar sometidos en su vida cotidiana.

Los resultados de estos estudios dejan lugar a pocas dudas. Todas las personas, en cualquier país y sea cual sea su nivel de ingresos, ve mejorado su nivel de satisfacción con la vida y su estado de ánimo si invierte dinero en comprar tiempo en lugar de en comprar bienes materiales (excluyendo bienes materiales básicos). Esto sucede independientemente de la edad de los participantes, por lo que el beneficio de comprar tiempo parece ser independiente del periodo de la vida en el que nos encontremos. Además, los efectos beneficiosos de comprar tiempo no dependieron del nivel de estrés temporal percibido. Incluso los individuos muy presionados a nivel del tiempo mejoraron significativamente su estado de ánimo.

En resumen, estos hallazgos sugieren que emplear dinero para conseguir tiempo reduce los sentimientos de presión y estrés cotidianos y puede conducir a un efecto acumulativo en bienestar y satisfacción con la vida, ayudándonos a mitigar las tensiones y el estrés diario. No sé usted, pero yo, sin duda, compraría tiempo, mucho tiempo, para estar estos próximos días con todos mis amigos y familiares disfrutando de la Feria de Albacete.

Referencia: Ashley V. Whillansa et al. (2017). Buying time promotes happiness. www.pnas.org/cgi/doi/10.1073/pnas.1706541114

3 de septiembre de 2017

DESHUMANIZACIÓN Y VIOLENCIA

El terrorista suicida que hace explotar su bomba en el nombre de Alá pertenece también a esta categoría de violentos

AL MARGEN DE enfermedades, penurias y otras penalidades, no cabe duda de que uno de los males de la Humanidad es la violencia. Afortunadamente, y aunque parezca increíble, vivimos uno de los momentos menos violentos de la historia, según los expertos. No obstante, conseguir el objetivo de violencia cero sigue siendo el deseo de todas las personas de bien. Lamentablemente, para conseguirlo, no basta con manifestarse a la puerta de una institución local para protestar frente a sucesivos actos violentos. Como para todos los problemas que deseamos resolver, y la violencia no es una excepción, conviene comprender sus razones para poder intervenir sobre ellas y eliminarlas.

Se cree que una de las causas de la violencia a lo largo de la historia y en todas las culturas humanas es el acto de dejar de reconocer al otro, sobre el que se va a ejercer la violencia, como ser humano. Este proceso, llamado deshumanización, es lo que se cree permitió a los colonos acabar con poblaciones indígenas, a los blancos esclavizar a los negros como si fueran propiedad privada, y a los nazis asesinar a millones de judíos. El concepto del otro como ser no humano e inferior es lo que permite el empleo de la violencia contra él. Esta idea aparece con claridad en la obra Crimen y Castigo, del escritor ruso Fiódor Dostoievski, una de las obras maestras de la literatura universal, en la que el protagonista solo es capaz de asesinar a la vieja usurera que le ha endeudado tras convertirla en un ser despreciable, en una sanguijuela que es necesario extirpar por el bien de la sociedad.

La hipótesis de la deshumanización es una idea que pretende ayudar a explicar la violencia denominada instrumental, es decir, la que persigue una ganancia personal o es resultado de acciones impulsivas. En estos casos, la percepción del otro como un ser humano similar a uno mismo, con derechos, sentimientos, etc. mitigaría o impediría el empleo de la violencia contra él o ella. En este contexto, la deshumanización permitiría percibir a las víctimas como no humanas y, por consiguiente, desprovistas de derechos y de la obligación de ser empáticos con ellas. Esto conduciría a una desinhibición de los actos violentos y a una ausencia de remordimientos tras haberlos cometido.

La hipótesis de la deshumanización tiene sentido, pero como todas las hipótesis debe ser confirmada o refutada por los hechos. Los estudios recientes llevados a cabo sobre la sociología del crimen indican que muchos que perpetran un crimen violento creen que sus víctimas lo merecen y que, de hecho, su crimen es un acto justo y necesario. De nuevo, la literatura y el cine rebosan de este tipo de situaciones y argumentos, desde Robín Hood a Curro Jiménez y tantos otros criminales "buenos", si consideramos a un criminal como cualquiera que infringe la ley, sea esta justa o injusta, claro está. Desgraciadamente, el terrorista suicida que hace explotar su bomba en el nombre de Alá pertenece también a esta categoría de violentos, a los que podemos llamar violentos morales, los cuales creen que su violencia está justificada e incluso se sienten orgullosos de haberla realizado.

Violenta humanización

La violencia moral no parece necesitar de la deshumanización para ser llevada a cabo. De hecho, la deshumanización sería un proceso incoherente con ella, puesto que es absurdo moralizar a quienes no consideramos seres humanos completos, responsables de sus actos, capaces de comprender sus consecuencias y merecedores de un castigo por ellas.

La hipótesis de la deshumanización no podría, por consiguiente, ayudar a explicar la violencia moral. Al contrario, esta necesitaría de un proceso de humanización, un proceso por el que se atribuye inteligencia, capacidad de planificación e intencionalidad por sus actos a quienes van a ser violentamente ajusticiados. El sistema penal de justicia necesita igualmente de estas consideraciones para fallar las condenas por actos criminales, puesto que es inútil, e incluso hasta inmoral, castigar a quien no puede ser responsable de sus actos ni comprende las consecuencias de los mismos. Por ello, los criminales deficientes y enfermos mentales no son tratados de la misma forma que los considerados sanos, excepto en algunas sociedades que tal vez, por ello, estén enfermas.

Por estas razones, investigadores del Instituto de Tecnología de Massachussets y de la Universidad del Sur de California estudian en una serie de experimentos de psicología social si la deshumanización conduce a la violencia instrumental, pero la humanización, aunque puede inhibir este tipo de violencia, conduce sin embargo a la violencia moral. De ser así, humanizar al otro no siempre sería eficaz para reducir la violencia en general.

Los investigadores reclutan por internet a 187 voluntarios a los que someten a cinco pruebas diferentes encaminadas a determinar su inclinación a comportarse de forma violenta ante determinadas situaciones. Los resultados de estos estudios, publicados en la revista *Proceedings* de la Academia Nacional de Ciencias de los EE.UU. indican con claridad que mientras la deshumanización espolea la violencia instrumental, la humanización estimula la violencia moral.

Estos resultados pueden parecer descorazonadores, ya que parecen no proporcionar salida a la violencia, puesto que esta se produce tanto mediante la humanización como mediante la deshumanización de las víctimas. Sin embargo, si conocemos las motivaciones que conducen a la violencia en ciertas personas, sí podremos aspirar a mitigarla intentando aplicar en ellas el proceso correcto, bien la humanización, bien la deshumanización. Estos estudios aumentan nuestra comprensión de las causas de la violencia, de sus procesos psicológicos, y pueden tener importantes implicaciones en los esfuerzos para erradicar la violencia en todo el mundo. La ciencia no solo sirve para curar enfermedades individuales, debe servir también para curar enfermedades sociales.

Referencia: Tage S. Raia et al (2017). Dehumanization increases instrumental violence, but not moral violence. www.pnas.org/cgi/doi/10.1073/pnas.1705238114

10 de septiembre de 2017

SUEÑO Y EVOLUCIÓN HUMANA

Si los humanos no hubiéramos evolucionado de manera diferente,
deberíamos dormir más de diez horas cada noche

VIVIMOS EN UN mundo en el que, como decía una antigua canción: todos queremos más y más y más y mucho más, pero todos acabamos durmiendo menos. El mundo nunca ha estado tan cansado y falto de sueño (y también quizás falto de sueños) como hoy. Curiosamente, dormir menos también conlleva que todos tengamos menos porque, según los cálculos, la falta de sueño causa solo en Estados Unidos pérdidas de alrededor de 400.000 millones de dólares al año, es decir, de alrededor del 30% del PIB español, Cataluña incluida, y claro, semejantes cifras quitan el sueño a más de uno.

¿Es esto cierto? ¿Ha cambiado el patrón de sueño del ser humano en los tiempos modernos? Una manera de averiguarlo es estudiar el tiempo que duermen otros primates evolutivamente relacionados con nosotros y, a partir de esos datos y de otros parámetros fisiológicos, intentar predecir cuántas horas necesitaríamos dormir los humanos y compararlas con las horas que dormimos en realidad. Este ha sido uno de los trabajos dirigidos por el Dr. David Samson, de la Universidad de Toronto.

Los primates duermen entre 9 y 16 horas al día, dependiendo de una diversidad de factores. De acuerdo con estos datos, y mediante la utilización de un modelo evolutivo, el Dr. Samson predice que, si los humanos no hubiéramos evolucionado de manera diferente a la de otros simios, deberíamos dormir más de diez horas cada noche. Sin embargo, los humanos dormimos solo unas siete horas de media. ¡Maldita evolución!

Esta pérdida de sueño, sin embargo, tiene su compensación, porque los humanos somos el primate que disfruta de mayor proporción de sueño REM, una fase del sueño profundo asociada con los sueños. Esta mayor proporción de la fase REM y de la capacidad de soñar nos proporciona varios beneficios, que incluyen una mejor consolidación de la memoria y una superior regulación de nuestro estado emocional. Dormimos, menos, pero dormimos más profundamente que cualquier otro primate.

¿Cuándo sucedió este cambio en nuestra evolución? Los científicos creen que sucedió cuando nuestros ancestros descendieron de los árboles y se adentraron en las sabanas africanas, conquistando la tierra firme y domesticando el uso del fuego. Esto condujo a una mayor seguridad durante las noches, lo que permitió dormir más profundamente, y disminuir con ello la cantidad total de sueño diario. Las horas robadas al sueño de este modo permitieron a nuestra especie incrementar su productividad, disponer de más tiempo para cazar o para recolectar frutos o tubérculos, lo que condujo igualmente a poder alimentar a una mayor descendencia. Esto fue determinante para el éxito y la expansión fulgurante de nuestra especie en su dominación del planeta.

ME SIENTO SEGURO

Sin embargo, la seguridad nunca es completa. Si los miembros de una familia o un clan duermen profundamente todos al mismo tiempo, sus miembros pueden ser vulnerables al ataque de cualquier predador. Por consiguiente, la mayor profundidad del sueño tuvo que ser compensada de alguna forma. Esta idea dio lugar a la hipótesis del centinela: algunos miembros de la tribu o del clan deberían tomar turnos para vigilar y dar la alarma si fuera necesario. Hoy, claro está, la vida moderna habría hecho innecesarios a los centinelas.

Las hipótesis pueden ser muy atractivas, pero de nada sirven si no son contrastadas con los hechos. ¿Cómo podemos averiguar si en tiempos pasados, al igual que una vez hubo serenos, hubo centinelas en el seno de cada clan? El Dr. Samson tuvo la idea de analizar el patrón de sueño de una tribu muy primitiva que, no obstante, no es seguidora de ningún equipo de fútbol: la tribu de los Hadza, un pueblo del norte de Tanzania.

El modo de vida de esta gente sigue el patrón de los cazadores-recolectores, es decir, no se dedican ni a la agricultura ni a la ganadería. Es, por consiguiente, un modo de vida ancestral. Los Hadza viven en grupos de 20 o 30 personas. Durante el día, hombres y mujeres se separan, los unos para cazar, las otras para recolectar. Durante la noche, sin embargo, todos se reúnen para dormir, lo que hacen dentro de cabañas de paja y ramas.

Lo primero que quedó patente tras observar cómo dormían los Hadza fue que no tenían centinela alguno, a pesar de los peligros de la noche. Cómo hacían los Hadza para estar alerta durante la noche era un misterio. No obstante, el Dr. Samson observó que, frecuentemente, uno u otro de los miembros del clan se despertaba.

El investigador decidió analizar el sueño de los Hadza con la tecnología moderna. Logró convencerles para que se pusieran durante 20 días una pulsera de actividad que registraba los movimientos también durante el sueño. Los datos recogidos mediante esta tecnología indicaron que, de las más de 220 horas de observación durante esos 20 días, todos los miembros del clan estuvieron dormidos al mismo tiempo solo durante 18 minutos. Rara era la persona que dormía toda la noche de un tirón.

Además, el patrón de sueño variaba con la edad. Mientras los más mayores se acostaban temprano y se despertaban al amanecer o poco más tarde, los más jóvenes se acostaban más tarde y se despertaban igualmente bien salido el sol. Esta diferencia de patrón de sueño permitía que prácticamente en cada momento de la noche alguien estuviera despierto por si era necesario dar la alarma. Además, echarse una cabezadita en algún momento del día era también lo más natural para esas personas.

Por supuesto, los Hadza no se quejan de problemas de sueño, algo tan frecuente hoy en las conversaciones de café. Y es que tal vez, manipulados por la vida moderna y por falsas ideas, nos quejemos de lo que, sin embargo, es parte de nuestra naturaleza evolutiva. Lo natural es tal vez dormir a ratos incluso por la noche, y también tener sueño en algún momento del día. En este sentido, bien podemos decir que las tribus primitivas guardan una sabiduría de la vida que la ciencia ha podido, sin embargo, redescubrir.

Referencia: David R. Samson et al (2017). Chronotype variation drives night-time sentinel-like behaviour in hunter–gatherers. http://rspb.royalsocietypublishing.org/content/284/1858/20170967

17 de septiembre de 2017

DE HURACANES, HORMIGAS E INMUNOLOGÍA

Algunas de las sustancias componentes de su veneno han revelado poseer actividad biológica beneficiosa

LOS RECIENTES HURACANES que han azotado los países caribeños y el sur de los Estados Unidos han traído mucha ruina y desolación, pero también han puesto de manifiesto algunos hechos interesantes relacionados con la ciencia. Uno de los más curiosos ha sido el comportamiento de una especie de hormiga para defenderse de las enormes inundaciones, comportamiento que le permite sobrevivir los huracanes más poderosos.

La especie de hormiga a la que me refiero se conoce con el nombre científico de *Solenopsis invicta*, vulgarmente llamada hormiga colorada u hormiga de fuego. Esta hormiga es una especie invasora, originaria de Brasil, que fue introducida accidentalmente en los EE.UU. en los años 1930, trasportada en un barco mercante. Desde esa fecha, se ha extendido por grandes áreas del sur de los EE.UU., incluido el estado de Texas, azotado por el huracán Harvey.

La hormiga de fuego pertenece a la clase de hormigas que poseen aguijón, con el que pueden inyectar veneno a sus víctimas, en general, otros insectos o pequeños animales, pero que ocasionalmente pueden ser seres humanos que pasan cerca de algún hormiguero y molestan involuntariamente a sus normalmente pacíficas obreras. La picadura escuece tanto que ha hecho merecedora a esta especie del calificativo de fuego para su nombre.

A la zona de Brasil de donde esta hormiga es originaria no llegan los huracanes, pero está azotada por fuertes lluvias e intensas inundaciones. En este entorno, en el que los hormigueros son inundados con frecuencia poniendo en peligro la existencia de la colonia, las hormigas han desarrollado un extraordinario mecanismo de supervivencia. Se trata de la generación de balsas flotantes formadas por grupos compactos de decenas de miles de hormigas. Estas balsas son arrastradas por las aguas y cuando estas descienden y la inundación remite, las hormigas se separan y forman otra colonia allí donde la corriente les ha llevado.

Las balsas formadas por estas hormigas pueden formarse gracias a que estas secretan una sustancia insoluble que repele fuertemente el agua y forma una película sobre esta, película sobre la que las hormigas reposan. La elasticidad de esta película es igualmente muy elevada, lo que permite que soporte grandes fuerzas de presión, tales como vientos huracanados, precisamente, que podrían hundir o deshacer las balsas. Para darse cuenta de la enorme resistencia de estas balsas de hormigas y de su repulsión por el agua, le recomiendo que, si tiene un minuto y medio, vea este video: https://www.youtube.com/watch?v=2bdry7_5qck

VENENO CURATIVO

Por interesante y curioso que este comportamiento pueda parecer, la hormiga de fuego posee, otras propiedades no menos curiosas y que pueden ser más útiles. En particular, algunas de las sustancias componentes de su veneno han revelado poseer una actividad biológica beneficiosa. Una clase de estas sustancias se han denominado solenopsinas, en honor al nombre de esta especie de hormiga. Las solenopsinas pertenecen al conjunto de los alcaloides, pequeñas moléculas naturales que, además de carbono e hidrógeno, contienen algún átomo de nitrógeno, fundamental para sus propiedades.

Algunas solenopsinas han demostrado poseer actividad antibacteriana; otras muestran una actividad inhibidora del desarrollo de los vasos sanguíneos, lo que las convierte en candidatos para ayudar en el tratamiento de ciertos tipos de tumores que necesitan del crecimiento de estos vasos para conseguir oxígeno y nutrientes y seguir creciendo. El estudio de la estructura química de las solenopsinas ha revelado también que algunas de ellas son similares a unas sustancias normalmente encontradas en la piel y fundamentales para que esta desempeñe con eficacia su papel de barrera protectora. Estas sustancias son las llamadas ceramidas.

Las ceramidas, sin embargo, no son solo sustancias protectoras; algunas de ellas pueden ejercer igualmente efectos farmacológicos sobre ciertos procesos celulares, como la proliferación celular y la muerte celular programada, lo cual podría explicar su presencia en el veneno de la hormiga. Otras ceramidas pueden contribuir a una mayor inflamación en caso de infecciones o agresiones de la piel.

Por estas razones, investigadores de la Universidad de Emory, en Atlanta, EE.UU., deciden estudiar si algunas solenopsinas no podrían tal vez ser útiles para el tratamiento de la psoriasis. Esta enfermedad inflamatoria se caracteriza por un ataque del propio sistema inmune a la piel, ataque que necesita del concurso de células del sistema inmune activadas, las cuales generan inflamación, enrojecimiento y engrosamiento de la parte afectada de la piel.

Las solenopsinas, siendo similares a las ceramidas, podrían ejercer también una función protectora de la piel, pero al ser de hecho también diferentes de las ceramidas, podrían carecer del efecto pro inflamatorio propio de estas y resultar por ello beneficiosas.

Los investigadores produjeron en el laboratorio por síntesis química dos solenopsinas diferentes que carecían de la posibilidad de estimular la inflamación. Estas sustancias fueron introducidas en una crema para la piel a una concentración del 1%, crema que se aplicó a ratones de laboratorio afectados de psoriasis.

Los resultados indicaron que los ratones tratados con esta crema disminuyeron un 30% de media el grosor de la piel en las placas de psoriasis. El engrosamiento de la piel es debido en parte a la infiltración de células inmunes, la cual sucede cuando estas salen de los vasos sanguíneos por donde circulan y se establecen en los tejidos u órganos. Pues bien, los ratones tratados con las cremas de solenopsinas mostraron una disminución del 50% en la infiltración de células del sistema inmune en la piel. Experimentos en el laboratorio con células inmunes demostraron que estos efectos eran debidos a una acción directa sobre algunas de estas células que afectaba al funcionamiento de ciertos genes importantes para la actividad inflamatoria.

Como queda evidenciado por estos estudios, la exploración en profundidad de la Naturaleza que la ciencia lleva a cabo es una fuente interminable de agradables e interesantes sorpresas.

Referencia: Arbiser JL et al. (2017). Evidence for biochemical barrier restoration: Topical solenopsin analogs improve inflammation and acanthosis in the KC-Tie2 mouse model of psoriasis. Sci Rep. 2017 Sep 11;7(1):11198. doi: 10.1038/s41598-017-10580-y. https://www.ncbi.nlm.nih.gov/pmc/articles/PMC5593857/

24 de septiembre de 2017

EL OLVIDO DE LOS TRAMPOSOS

Investigaciones recientes han revelado que en muchas personas el comportamiento falto de ética genera un efecto positivo

SEGÚN UNA ENCUESTA reciente, la corrupción es el segundo problema que más preocupa a los españoles, después del paro. Lo que, sin embargo, no aclaran las encuestas es si los españoles están igual de preocupados por la corrupción de los demás que por la suya propia. Disculpe, no pretendo ofenderle llamándole corrupto, precisamente a usted, que lee estas bonitas líneas en toda honestidad. Solo pretendo mencionar el argumento, que algunos utilizan para defender a los corruptos, de que, si cualquiera de nosotros hubiera tenido la oportunidad, se habría comportado como otro de esos corruptos a los que hoy tanto despreciamos. La inmoralidad y la falta de ética anidan en el interior de todos nosotros y solo las leyes y las normas de la civilización consiguen retenerlas en parte. ¿Es esto cierto?

Unos podrán opinar que sí; otros, que no, y aún otros que no saben, pero para superar la mera opinión hoy en día no tenemos más remedio que apelar a la razón y a la ciencia. Afortunadamente, en los últimos años, la tendencia del ser humano a comportarse de manera deshonesta ha sido uno de los temas más estudiados de manera científica, es decir, mediante el empleo de experimentos controlados. Los resultados de los diversos estudios que he tenido la ocasión de explorar recientemente no proyectan una imagen positiva de la naturaleza humana, y eso que, en los estudios realizados, rara vez, si acaso hubo alguna, participaban cargos políticos o financieros como sujetos de estudio.

La investigación ha revelado que, durante su crecimiento, los niños van desarrollando paulatinamente el sentido de justicia, de igualdad y de ecuanimidad. Los niños adquieren también consciencia de que deben proyectar una imagen de personas justas a los demás, y desarrollan también el deseo de comportarse con justicia. Sin embargo, en experimentos en los que los niños debían decidir si otorgar un premio o un castigo a sí mismos o a otros, es cierto que elegían un procedimiento justo, como lanzar una moneda al aire, para decidir a quién otorgar los premios y a quien los castigos, pero también es cierto que, cuando los niños sabían que los experimentadores no miraban, afirmaban que el lanzamiento de la moneda les había favorecido con una frecuencia superior a la permitida por la suerte, lo que revela que hacían trampa. No en vano se representa a Dios como un ojo y se dice que está en todas partes.

NEBULOSA CULPABILIDAD

¿Por qué tenemos esa tendencia a hacer trampa si luego nos sentimos culpables y miserables por haberla hecho? ¿Es esto cierto o es de nuevo solo una opinión que no ha sido contrastada por la ciencia? Desgraciadamente, es solo una opinión errónea. Investigaciones recientes han revelado que en muchas personas el comportamiento falto de ética genera un sentimiento positivo. Es algo similar a la descarga de adrenalina que algunos sienten cuando se lanzan en paracaídas. Estas investigaciones revelan que hacer trampas y salirse con la suya puede generar un incremento de la sensación de satisfacción y una completa ausencia del sentimiento de culpabilidad.

Afortunadamente, hacer trampas para obtener un beneficio propio es más infrecuente que hacer trampas para obtener un beneficio propio y al mismo tiempo también para los demás, aunque entre los "demás" probablemente solo se encuentran los amigos y familiares de uno, y no el conjunto de la sociedad. Los estudios realizados indican que las personas utilizan con frecuencia lo que los investigadores llaman "flexibilidad moral" (genialmente definida por el cómico y actor Groucho Marx en su conocida frase: "Estos son mis principios. Si no le gustan, tengo otros"), para justificar sus acciones deshonestas cuando estas benefician también a otros y no solo a ellos mismos. Esto consigue que acciones que unos ven como moralmente inaceptables sean vistas por quienes las han realizado como perfectamente adecuadas.

Sin embargo, no todos los tramposos son necesariamente negativos para la sociedad. Puesto que la creatividad y el comportamiento deshonesto comportan la ruptura de reglas, algunas investigaciones han estudiado si las personas amantes de hacer trampas no serían también las más creativas. Lamentablemente, los estudios han encontrado que existe una correlación positiva entre creatividad y deshonestidad, aunque ser deshonesto no siempre implique ser más creativo, o viceversa.

Comportarse mal, ser pillado con las manos en la masa y ser reprendido por ello debería resultar una experiencia que nos haría disminuir la probabilidad de repetir nuestro mal comportamiento en el futuro. Es la base del aprendizaje. No obstante, para que el aprendizaje sirva de algo, debemos acordarnos de lo que hemos aprendido. Desgraciadamente, la investigación también ha revelado que tendemos a olvidar nuestras pasadas malas acciones. Su recuerdo nos causa malestar, por lo que ciertos mecanismos psicológicos operan para favorecer su olvido. Un estudio, realizado con 2.109 participantes, proporciona sólida evidencia que indica que los comportamientos carentes de ética producen cambios en la memoria que generan lo que los investigadores llaman "amnesia no ética". Esta amnesia no se produce en el caso de tener que recordar comportamientos acordes con la ética, los cuales refuerzan la imagen positiva que todos tendemos a tener de nosotros mismos. Gracias a este tipo de amnesia, las personas estamos inclinadas a volver a actuar en el futuro de forma contraria a la ética.

Estos estudios, como decía, no proporcionan una imagen rosada de la naturaleza humana, lo cual no resultará una sorpresa para casi nadie de más de cinco años de edad. Sin embargo, el aumento de la comprensión de los mecanismos psicológicos por los que la mente humana opera podrá tal vez ayudarnos a elaborar normas o condiciones de convivencia con las que podamos minimizar las múltiples injusticias cotidianas que casi todos tendemos a cometer.

Referencia: Kouchaki M1, Gino F2. Memories of unethical actions become obfuscated over time. Proc Natl Acad Sci U S A. 2016 May 31;113(22):6166-71. doi: 10.1073/pnas.1523586113. Epub 2016 May 16

1 de octubre de 2017

LA MICROBIOTA DOMÉSTICA

La microbiota de nuestra oficina o nuestra vivienda depende también del barrio en el que vivamos

EN LOS ÚLTIMOS años, se han multiplicado las investigaciones sobre la flora intestinal, conocida en el mundo de la ciencia como la microbiota intestinal. Estos estudios han desvelado hechos asombrosos, tales como una relación entre la flora intestinal y nuestro estado de ánimo e incluso nuestra propia personalidad, e igualmente una relación entre las especies bacterianas que habitan nuestros intestinos y nuestra propensión a convertirnos en obesos en un entorno de superabundancia alimenticia.

Sin embargo, se conoce mucho menos sobre las especies bacterianas y de otros microrganismos que viven con nosotros, no en nuestro interior, sino compartiendo los espacios en los que dormimos, comemos o nos limpiamos. Comienza a ser conocido que esta microbiota externa puede ejercer un efecto importante sobre nuestro bienestar y sobre nuestra susceptibilidad a desarrollar determinadas enfermedades. Veamos dos ejemplos.

Como sabemos, las alergias están incrementando su incidencia en los últimos años. Puesto que pólenes y demás sustancias que generan alergias siempre nos han acompañado, incluso en mayor cantidad y frecuencia que hoy, y puesto que nuestro genoma no ha cambiado mucho en una o dos generaciones, se cree que la razón de esta mayor incidencia reside en un menor contacto con bacterias y microrganismos propios del entorno. Es lo que se ha llamado la "hipótesis de la higiene". El empleo de detergentes y lejías para la limpieza de domicilios y oficinas sin duda ha modificado la microbiota normal con la que nuestros abuelos y bisabuelos estaban normalmente en contacto. Nuestro sistema inmune no está acostumbrado a tanta higiene y, en algunas personas, reacciona de manera inadecuada frente a sustancias que son inocuas y no presentan peligro alguno, generando alergias.

Otro ejemplo de la importancia de la microbiota lo tenemos en las bacterias que habitan los hospitales y que pueden causar las llamadas enfermedades nosocomiales, es decir, las infecciones hospitalarias, desgraciadamente comunes. Sin embargo, no todas las bacterias hospitalarias son necesariamente patógenas y convendría conocer cuáles no lo son. Tal vez estas podrían ser útiles para controlar y disminuir la presencia de las otras.

Las escasas investigaciones llevadas a cabo sobre la microbiota externa han revelado que esta es muy variable y depende de insospechados factores. Por ejemplo, los materiales con los que se construyen los edificios afectan a su composición: no es lo mismo poner suelo de parqué que terrazo o moqueta, o tener muebles de madera que lacados. El pládur, quien lo hubiera pensado, es también lugar de crecimiento de varios microorganismos, sobre todo en ambientes húmedos. El régimen de ventilación de las viviendas y el uso de aire acondicionado ejercen igualmente una importante influencia y, por consiguiente, la microbiota de nuestro hábitat cambia con las estaciones, ya que abrimos las ventanas con diferente frecuencia de acuerdo con el transcurso de las mismas.

La microbiota de nuestra oficina o nuestra vivienda depende también del barrio en el que vivamos, de cómo esté urbanizado, de la cantidad de zonas verdes que posea, de las especies vegetales de esas zonas verdes. Como puede verse, los factores que afectan a la comunidad microbiana que vive con nosotros son muchos y muy diversos.

LAVAVAJILLAS Y MURCIÉLAGOS

La llegada de la modernidad a los domicilios ha afectado igualmente a la microbiota que cohabita con nosotros. Por ejemplo, se ha descubierto que una levadura, llamada para quien quiera saberlo *Exophiala dermatitidis,* ha colonizado las saunas y baños de vapor de aquellos lugares que disponen de ellos, pero, sobre todo, ha colonizado el interior de nuestros lavavajillas. Al parecer, la levadura se adapta muy bien a los cambios de temperatura y humedad de estos electrodomésticos, y no parece ser afectada demasiado por los detergentes empleados para lavar los platos. Semejante comportamiento espoleó la curiosidad de algunos científicos, quienes estudiaron el asunto y descubrieron que el hábitat natural de esta levadura parece ser el intestino de murciélagos tropicales comedores de frutas.

¡Pásmese! Si quiere saber el aspecto del intestino de uno de estos mamíferos voladores, tal vez baste con mirar al interior de su lavaplatos.

Conocer más sobre las especies microbianas que viven con nosotros puede ser beneficioso por varias razones. Una de ellas es que algunas de estas especies podrían ser fuente de nuevos antibióticos, tan necesarios estos días debido al aumento de la resistencia a los mismos de numerosas especies de bacterias patógenas. Otra razón importante sería conocer mejor qué especies resultan beneficiosas y cuáles no, y qué factores podríamos manipular para potenciar las primeras y limitar las segundas.

Recientemente, un comité de científicos de las academias nacionales de ciencias, de ingeniería y de medicina de los Estados Unidos ha publicado un informe que delinea las avenidas de investigación y estrategias futuras para profundizar en la comprensión de la microbiota externa. El comité estima importante investigar las relaciones entre las distintas especies de esta microbiota, estudiar la influencia de la misma sobre la salud humana, desarrollar herramientas y metodología científica adecuada para avanzar en estos estudios y, por último, explorar qué tipo de intervenciones podrían llevarse a cabo para potenciar los efectos beneficiosos de esta microbiota. Siguiendo estas recomendaciones, un grupo de arquitectos, ingenieros y microbiólogos ya ha comenzado a colaborar para investigar sobre estos interesantes e importantes temas. Microbiólogos colaborando con arquitectos e ingenieros es sin duda una sorprendente forma de innovación científica.

Habrá que estar atentos acerca de los resultados de estas investigaciones, que prometen mejorar nuestra vida y la de las generaciones futuras, algo que la ciencia, aun con todos sus defectos, no ha dejado de hacer desde que el método científico se inventó.

Referencias:
(1) https://www.sciencefriday.com/segments/what-microbes-are-hiding-in-your-home/
(2) https://www.ted.com/talks/jessica_green_are_we_filtering_the_wrong_microbes
(3)http://www8.nationalacademies.org/onpinews/newsitem.aspx?RecordID=23647&_ga=2.120202383.6
0838453.1503842888-726740799.1503842888

8 de octubre de 2017

VISIÓN INTELIGENTE Y REDES NEURONALES

El cerebro humano aprende la talla de los diferentes objetos con los que se encuentra en su vida cotidiana

AUNQUE PUEDA PARECER increíble, dado el avanzado estado de casi todas las ciencias, todavía no se conocen en profundidad los detalles de cómo los humanos percibimos e identificamos los objetos de nuestro entorno. Humanos y primates disponemos de un sistema visual de altas prestaciones, y averiguar cómo funciona puede ser útil, por ejemplo, para desarrollar sistemas de inteligencia artificial con elevadas capacidades de detección y discriminación espacial. A pesar de los avances de esta última disciplina, el sistema visual de los animales todavía supera con claridad a los mejores sistemas de visión artificial en la exploración de escenarios y en la identificación de los objetos que los componen.

El desarrollo sistemas de visión artificial inteligente ha permitido, en efecto, comparar las prestaciones de humanos y robots en las tareas de identificación de objetos en una escena compleja. ¿Dónde está el bote de tomate en el frigorífico? ¿Dónde se encuentra mi coche en esa foto del aparcamiento que me muestran? Los estudios realizados han revelado que los animales, desde los insectos a los humanos, aprenden sobre las relaciones probabilísticas y estadísticas en su entorno para guiar su sistema visual hacia la identificación correcta de un objeto dado. Por ejemplo, si se pide a voluntarios que encuentren un cepillo de dientes en un cuarto de baño, normalmente estos empiezan por mirar alrededor del lavabo, y no en el fondo del inodoro, donde sería más fácil encontrar alguna declaración de algún político o política. Igualmente, si deseo encontrar el bote de tomate en el frigorífico, descartaré rápidamente objetos cuadrados o de otras formas que se alejen de la forma cilíndrica esperada para un bote, lo que me ayudará a identificarlo y encontrarlo con mayor facilidad. Así pues, las relaciones, entre otras, de forma y posición esperada de un objeto determinado son utilizadas por nuestros cerebros para identificarlo.

Los estudios sobre la capacidad visual realizados con voluntarios han revelado que, si el objeto se coloca en una posición inusual en la escena, resulta siempre más difícil encontrarlo. Lo que no había sido investigado todavía es qué sucede si la talla del objeto se modifica artificialmente. ¿Qué sucede si el bote de tomate se fabrica de la talla de un pequeño salero, o si el cepillo de dientes se hace tan grande como una escobilla para el inodoro? ¿Son los seres humanos también mejores que las redes neuronales de inteligencia artificial en la identificación de objetos de tallas inesperadas?

TALLA XXXL

Investigadores del Departamento de Psicología y Ciencias del Cerebro de la Universidad de Santa Bárbara, en California, en colaboración con científicos del Departamento de Ingeniería Informática de la Universidad de Ankara, en Turquía (un ejemplo más de que la ciencia no tiene fronteras ni se detiene en consideraciones geopolíticas), deciden estudiar este tema. Los científicos en California sometieron a 60 voluntarios a la tarea de encontrar un objeto en una escena compleja que se mostraba en una pantalla de ordenador. Los objetos empleados fueron 14, de variada naturaleza. Cada objeto se repitió tres veces en diferentes escenas, pero variando alguna característica, como su color. Tras indicarles en la pantalla el objeto que tenían que encontrar con una palabra que lo definía, la escena se mostraba (por ejemplo, una pradera donde había un rosal que debía ser identificado), y los voluntarios disponían de un segundo para identificar el objeto y su posición. Tras este tiempo, los voluntarios debían informar de si lo habían identificado y localizado o no.

En un tercio de las escenas que se mostraron a los voluntarios, los objetos que estos debían encontrar se mostraban con un tamaño mayor, pero inconsistente con el resto de los objetos de la escena. Por ejemplo, el rosal se mostraba con la talla de un árbol. En general, la talla de los objetos en este tercio de las veces se aumentó entre tres y cuatro veces.

Los resultados mostraron con claridad que, a pesar de que la talla de los objetos que debían ser encontrados era mayor y estos ocupaban un mayor porcentaje de la escena, los voluntarios los identificaban mucho peor que cuando los objetos se mostraban con el tamaño esperado. Los investigadores sometieron a los voluntarios a diferentes pruebas control para probar que esta mayor dificultad en identificar los objetos era debida exclusivamente a su talla inesperada y no a otros sesgos de percepción visual que el experimento pudiera producir.

Cuando los científicos sometieron a tres redes neuronales de última generación (robots inteligentes) a la misma tarea, estas no encontraron las mismas dificultades que los humanos para identificar los objetos agrandados en las escenas y lo hicieron exactamente igual de bien o de mal cuando el objeto se mostraba con la talla normal que cuando se mostraba con el tamaño aumentado. Parece, por tanto, que las redes neuronales han superado también a los humanos en esta tarea visual.

Sin embargo, los científicos no alcanzan la misma conclusión. Ellos proponen que el cerebro humano, a lo largo de su evolución, ha adquirido la capacidad de aprender la talla de los diferentes objetos con los que se encuentra en su vida cotidiana y utiliza esta información para localizarlos más rápidamente y descartar otros objetos que, por su forma o color, pudieran ser similares al buscado, pero que, por su tamaño, claramente corresponden a otro objeto diferente. Obviamente, en la Naturaleza y en la vida diaria no nos encontramos con manzanas del tamaño de sandías, ni con controles remotos del tamaño de teclados de ordenador. Si esta conclusión es correcta, como parece, son las redes neuronales las que aún tienen que recorrer un cierto camino para alcanzar las prestaciones de nuestro sistema visual en el mundo cotidiano, que es donde deben ser utilizadas.

Referencia: Eckstein et al., Humans, but Not Deep Neural Networks, Often Miss Giant Targets in Scenes, Current Biology (2017), http://dx.doi.org/10.1016/j.cub.2017.07.068

15 de octubre de 2017

UN MENSAJE DIABÉTICO

La investigación moderna ha revelado que la obesidad lleva asociado un estado de inflamación crónica

COMO ACTIVIDAD HUMANA que es, la ciencia no escapa a las debilidades de nuestra naturaleza. Una de ellas es la moda. Siempre hay algo que está de moda: una canción, una película, un modelo de gafas de sol, la independencia catalana... La ciencia también tiene sus modas y una muy de actualidad es la obesidad y la diabetes que puede llevar asociada.

Que la ciencia tenga sus modas no es necesariamente negativo. Cuando un tema científico se pone de actualidad y promete conseguir fama, o dinero para financiar más y mejor investigación, muchos laboratorios del mundo lo abordan y los descubrimientos se suceden. Algunos son verdaderamente sorprendentes y todos contribuyen en alguna medida a aumentar la comprensión del tema de que se trate, lo que, en el caso de la obesidad y la diabetes, puede conducirnos a novedosos tratamientos y, finalmente, a la deseada cura de estas enfermedades que tanto pueden acortar la esperanza de vida de quienes las sufren.

El descubrimiento que se ha producido recientemente está relacionado con un muy novedoso mecanismo de comunicación celular que no se sospechaba pudiera estar implicado en el desarrollo de la resistencia a la acción de la hormona insulina. Esta resistencia es la que conduce a la diabetes de tipo 2 (la de tipo 1 se genera por la muerte de las células pancreáticas que producen la insulina), y a un aumento de niveles de glucosa en sangre y otros problemas fisiológicos y metabólicos.

Desde el punto de vista molecular y celular, la diabetes de tipo 2 es ya un problema de comunicación celular. Cuando las células del páncreas productoras de insulina detectan un aumento de glucosa en sangre, lo que se produce tras una comida, por ejemplo, estas comunican esta información a otras células del organismo mediante la producción de insulina. Entre estas células se encuentran las musculares, las hepáticas y las del tejido adiposo. Cuando estas células detectan a la hormona, "conocen" de manera indirecta que se ha producido un aumento de glucosa en la sangre y ponen en marcha mecanismos moleculares que conducen a su captación e incorporación al interior celular. La glucosa es así retirada de la sangre y almacenada en el interior de las células que han detectado la insulina. Si este mecanismo de comunicación y detección de la insulina falla por alguna razón, se desarrolla la diabetes de tipo 2.

INTERFERENCIA PRODIABÉTICA

La investigación moderna ha revelado que, además de un aumento en la acumulación de grasas, la obesidad lleva asociado un estado de inflamación crónica del tejido adiposo, del hígado e incluso del músculo esquelético. Este estado de inflamación conlleva la acumulación de células del sistema inmune en esos tejidos, en particular una acumulación de las células llamadas macrófagos de tipo M1. Curiosamente, el tejido adiposo de personas no obesas también contiene macrófagos, pero de un tipo diferente, asociado a un estado antiinflamatorio. Son los macrófagos de tipo M2.

Hasta la fecha, las investigaciones llevadas a cabo sobre los macrófagos M1 en el tejido adiposo de animales o personas obesas han revelado que varias sustancias producidas por ellos pueden afectar a la forma en que las células que los rodean son capaces de responder a la presencia de insulina. Estas sustancias tienden a hacer más difícil que las células respondan a la presencia de la hormona e incrementen su incorporación de glucosa. Así pues, el estado de inflamación, la acumulación de macrófagos, y algunas sustancias que estos producen aumentan la resistencia a la insulina y favorecen el desarrollo de la diabetes de tipo 2.

Sin embargo, las investigaciones han revelado igualmente que las sustancias que los macrófagos M1 producen no pueden ser las únicas responsables y que estas células deben afectar además a las células circundantes de otras formas. Una de las posibles formas, recientemente revelada por la ciencia, podría ser la generación de exosomas. Los exosomas son pequeñísimas vesículas secretadas por las células que contienen determinadas moléculas en su interior, las cuales pueden afectar al comportamiento de las células vecinas. Entre estas moléculas se pueden encontrar algunas proteínas, pero sobre todo se encuentran los llamados micro ácidos ribonucleicos (ARN) de interferencia (miARN).

Los miARN son pequeños fragmentos de ARN que interfieren con la producción de proteínas a partir de genes concretos, los cuales contienen secuencias de letras a los que estos miARN pueden unirse. Los miARN afectan de este modo al funcionamiento de los genes de las células vecinas a la que produce los exosomas.

Investigadores de la Universidad de San Diego, en California, USA, estudian ahora si los macrófagos producen exosomas, si estos pueden ser captados por otras células y si su composición es diferente entre los macrófagos M1 y M2, lo que podría afectar al desarrollo de la resistencia a la insulina. Los investigadores encuentran que, si inyectan a ratones de laboratorio normales exosomas derivados de macrófagos M1, presentes en el tejido adiposo de ratones obesos, el hígado de los animales inyectados aumenta su resistencia a la insulina, lo que conduce a la diabetes de tipo 2. Sin embargo, la inyección de exosomas derivados de macrófagos M2, presentes en el tejido adiposo de ratones no obesos, aumenta la sensibilidad del hígado a esta hormona, lo que protege del desarrollo de esta enfermedad.

Los investigadores averiguan también la naturaleza y secuencia de letras del miARN responsable del incremento de la resistencia a la insulina. Este conocimiento podrá permitir en el futuro el desarrollo de nuevos fármacos que bloqueen su actividad, lo que ayudará a mitigar el desarrollo de la diabetes de tipo 2 en personas obesas.

Referencia: Ying et al., Adipose Tissue Macrophage-Derived Exosomal miRNAs Can Modulate In Vivo and In Vitro Insulin Sensitivity, Cell (2017), http://dx.doi.org/10.1016/j.cell.2017.08.035

22 de octubre de 2017

EL SÍNDROME DEL HERMANO MAYOR

Los hermanos mayores suelen ser más altos y grandes que los pequeños

CASI CON SEGURIDAD, alguna vez hemos tratado en una conversación con amigos o familiares el tema de los hermanos mayores. Los pobres hermanos mayores, y no digamos las hermanas, normalmente han sufrido una vida más dura que la de sus hermanos pequeños, porque los padres suelen ser más estrictos con ellos que con el resto de hermanos. Sin embargo, los primogénitos suelen también recibir más atención de sus progenitores y familiares que sus hermanos. Estos y otros factores pueden modelar la personalidad de los hermanos mayores y hacerlos diferentes del resto, lo que podría afectar muchas facetas de sus vidas.

No obstante, la ciencia está desvelando que las diferencias entre los primogénitos y sus hermanos no se limitan a posibles diferencias de personalidad. Desde el punto de vista de la salud, los datos recopilados indican que, ciertamente, hermanos y hermanas mayores parecen ser diferentes del resto. En la última década, una serie de estudios ha revelado diferencias sorprendentes entre los hermanos y hermanas mayores y los más pequeños, diferencias que no solo se deben a un diferente trato de sus padres o familiares, sino que son causadas, sobre todo, por factores fisiológicos ya durante el embarazo, bien antes del nacimiento.

Los primeros estudios sobre las diferencias entre hermanos mayores y pequeños se limitaron a determinar parámetros sencillos, como el peso y la altura. Estos estudios dejaron claro que, en general, en la edad adulta, los hermanos mayores suelen ser más altos y grandes que los pequeños. Curiosamente, esto contrasta con el hecho, recientemente probado, de que los primogénitos son más pequeños al nacer que los hermanos que les siguen. Al nacimiento, existe una diferencia de unos cientos de gramos a favor de los hermanos pequeños, pero esta desventaja es pronto superada y desde la edad de cuatro años, los primogénitos alcanzan y comienzan a superar en peso a sus hermanos menores. También los superan en altura y a la edad de trece años y medio son unos 2,6 cm más altos que los hermanos menores del mismo sexo.

Estas diferencias son significativas, y es también significativo que no se reproduzcan con la misma magnitud entre los segundos y terceros nacidos o hermanos posteriores. Esto indica que desde el punto de vista al menos del peso y de la altura existe una diferencia real entre los primogénitos y el resto de los hermanos.

Una vez que un hecho ha sido establecido como cierto, la ciencia no se conforma solo con ello e intenta encontrar explicaciones. Una primera hipótesis que intentaba explicarlo mantenía que los primogénitos acaban siendo más grandes y altos que sus hermanos porque reciben más cuidados y alimentos que estos. Sin embargo, esto no sirve para explicar por qué al nacer su peso es menor que el de los hermanos que les siguen. Algo debe suceder durante el embarazo que explique por qué nacen con un peso menor.

TODO EMPIEZA EN EL ÚTERO

Lo que sucede no ha sido muy difícil de averiguar. Resulta que, durante el primer embarazo, el útero y el cuerpo de la madre no están tan preparados como en embarazos posteriores. La primera placentación no permite que el intercambio de nutrientes entre madre y feto se produzca con toda la eficacia que sería deseable. Esto supone que el embrión y el feto se desarrollan en el útero en un estado de una relativa penuria nutritiva, penuria que conduce a que el bebé al nacer sea menor de lo que debería.

El mayor problema, sin embargo, es que los inconvenientes para los primogénitos no acaban tras el nacimiento. La penuria nutritiva durante el embarazo deja en su organismo una huella metabólica que dura toda la vida. Digamos que su metabolismo nace adaptado a un entorno con escasos nutrientes, lo que no es siempre cierto, al contrario. Esto conduce a que, en una situación de normalidad nutritiva, como la que se suele producir tras el nacimiento, el metabolismo de los primogénitos tiende a almacenar más nutrientes en forma de grasas. Esto se traduce a lo largo de los años en un aumento del riesgo de desarrollar obesidad, hipertensión y enfermedades cardiovasculares, y también un riesgo mayor de desarrollar ciertos tipos de cáncer, como el de hígado.

Los estudios realizados con primogénitos o hijos únicos, que sufren de los mismos problemas, han demostrado que estos desarrollan una mayor resistencia a la acción de la insulina en la edad adulta. Esto puede acabar traduciéndose en el desarrollo de la temida diabetes de tipo 2. Además, los primogénitos con sobrepeso, o con obesidad declarada, suelen tener un índice de masa corporal mayor que los nacidos de embarazos posteriores. Los más obesos suelen ser hermanos mayores.

No obstante, el mayor riesgo de desarrollar enfermedades que sufren los primogénitos no se limita a la obesidad o a la diabetes, sino que afecta también al sistema inmune. Los estudios han demostrado que los primogénitos sufren de un mayor riesgo de desarrollar enfermedades relacionadas con este sistema, como alergias, asma, o enfermedades autoinmunes. Un estudio reciente relaciona igualmente este problema a lo que sucede en el embarazo. En el cordón umbilical, los linfocitos T, los principales reguladores de todo el funcionamiento del sistema inmune, poseen un perfil de funcionamiento génico más agresivo en el caso de los primogénitos. Es posible, por consiguiente, que el sistema inmune de estos esté igualmente programado para reaccionar de una manera más expeditiva frente a las amenazas externas, pero esto aumenta igualmente el riesgo de desarrollo de enfermedades que implican el funcionamiento correcto del sistema inmune.

Todos estos estudios parecen demostrar que los hermanos mayores no solo sufren con más fuerza los posibles rigores educativos de sus padres, sino que nacen mal programados para hacer frente a las vicisitudes de la vida desde el punto de vista de su metabolismo y de sus defensas. Los primogénitos son diferentes, desgraciadamente para ellos.

Referencias: (1) Kragh M et al. Divergent response profile in activated cord blood T cells from first-born child implies birth-order-associated in utero immune programming. Allergy. 2016 Mar;71(3):323-32. doi: 10.1111/all.12799. https://www.ncbi.nlm.nih.gov/pubmed/26505887. (2) Albert BB et al. Among overweight middle-aged men, first-borns have lower insulin sensitivity than second-borns. Sci Rep. 2014 Feb 6;4:3906. doi: 10.1038/srep03906. https://www.ncbi.nlm.nih.gov/pmc/articles/PMC3915551/

29 de octubre de 2017

MUTACIONES DEL CÁNCER E INMUNOTERAPIA

Las células tumorales son capaces de poner en funcionamiento genes productores de proteínas que bloquean la actividad del sistema inmune

DESDE HACE, POR lo menos, más de tres décadas, la investigación biomédica ha dejado claro que el sistema inmune es fundamental para mantenernos libres de cáncer. Que aparezca una u otra célula cancerosa es solo cuestión de tiempo, como también la investigación ha confirmado recientemente. Que esa célula cancerosa pueda crecer y establecer un tumor, o, al contrario, sea eliminada y no nos cause problemas, depende de la acción del sistema inmune.

A lo largo de la evolución de los organismos pluricelulares, en particular, los animales, se ha hecho necesario mantener mecanismos que aseguren a las células que están colaborando con otras de su misma clase, de su misma familia genética, digamos. Esto se ha conseguido mediante la puesta en marcha de "genes de identidad" los cuales generan proteínas que presentan en la membrana exterior una muestra de las proteínas que la célula está produciendo en cada momento de su vida. Esta muestra de proteínas producidas indica a las células del sistema inmune que la célula se está comportando bien o, al contrario, que se está comportando mal.

¿Cuándo se comporta mal una célula? ¿Por qué comenzaría una célula a producir proteínas extrañas? Una situación en la que esto sucede es cuando una célula es infectada por un virus. El virus fuerza a la célula a producir sus propias proteínas, pero, al hacer esto, consigue igualmente que una muestra de estas proteínas sea presentada en la membrana de la célula infectada. Las células inmunes, que están continuamente vigilando a todas las demás del organismo, se dan cuenta así de que esta célula está enferma y constituye, además, una seria amenaza para el resto, ya que si dejamos que siga viva lo que hará será generar muchos virus que infectarán a las células de su alrededor. Por esta razón, el sistema inmune mata a las células infectadas por un virus, las cuales podrán ser sustituidas por otras células sanas.

Las células tumorales también se comportan mal, también son una amenaza para las demás, y también lo indican. ¿Por qué? Como sabemos, el cáncer es una enfermedad genética, es decir, solo se desarrolla si se han producido mutaciones en algunos genes. Estas mutaciones cambian, siquiera un poco, las proteínas producidas por esos genes, y esto implica que la célula presentará en su superficie una muestra de proteínas ligeramente diferente de la muestra normal. El cambio inicial puede no ser suficiente para que el sistema inmune lo detecte, en cuyo caso, la célula tumoral podrá reproducirse. Sin embargo, al hacerlo, las células tumorales siguen mutando y se convierten en cada vez más diferentes de las normales.

En estas condiciones, el sistema inmune no debería tardar en reconocerlas y eliminarlas, y posiblemente lo consiga en algunos casos. En otros, en cambio, las células tumorales son capaces de poner en funcionamiento genes productores de proteínas que bloquean la actividad del sistema inmune e impiden que este las mate.

Estas proteínas no son solo propias de los tumores. Bien al contrario, son necesarias para el buen funcionamiento del sistema inmune. Constituyen lo que se llama un punto de chequeo. Este punto de chequeo sirve para comprobar que el sistema inmune se ha activado suficientemente y que no es necesario activarlo más allá, lo que causaría mayores problemas de los que pretendemos resolver. El sistema inmune sin control puede matarnos. Las células tumorales, sin embargo, utilizan estas proteínas de punto de chequeo para engañar al sistema inmune y hacerle creer que se ha activado de manera adecuada, cuando en realidad no lo ha hecho.

BIOPSIA LÍQUIDA

Gracias a los conocimientos anteriores, se han podido desarrollar inmunoterapias antitumorales basadas en el bloqueo de las proteínas del punto de chequeo. En otras palabras, estas estrategias consiguen, mediante fármacos o moléculas biológicas, que el punto de chequeo inducido por el tumor deje de funcionar. El sistema inmune se activa más y podrá en algunos casos erradicar el tumor allí donde se encuentre, metástasis incluidas.

No obstante, este tipo de terapia puede funcionar en algunos pacientes y para algunos tumores, pero no en otros. La razón de la escasa consistencia de esta terapia no era conocida, pero una hipótesis probable era que el éxito dependía en parte de la cantidad de mutaciones que el tumor había desarrollado. A más mutaciones, más diferente sería su identidad del resto de las células del organismo, y más fácil resultaría de identificar por las células del sistema inmune.

Si esta hipótesis era correcta, los tumores con más cantidad de mutaciones serían los que mejor podrían ser tratados mediante inmunoterapia de bloqueo del punto de chequeo. Curiosamente, los tumores más mutados son los más resistentes a quimioterapia, por lo que, si resultaban ser mejor atacados mediante inmunoterapia, esta estrategia podría ser la de elección cuando la quimioterapia resulte ineficaz.

¿Cómo averiguamos la cantidad de mutaciones de un tumor? Afortunadamente, existe un método muy sencillo, que es extraer sangre y analizar el ADN circulante que esta contiene Este procedimiento se ha denominado una biopsia líquida. En los pacientes de cáncer, el ADN en la sangre proviene en parte del tumor, además de provenir de sus células sanas. En todo caso, el análisis del ADN puede determinar la cantidad de mutaciones que el tumor ha sufrido.

Investigadores del Centro del Cáncer Moores de San Diego, utilizan este método para analizar si la inmunoterapia resulta más eficaz en aquellos pacientes de cáncer con un mayor número de mutaciones. En un total de 69 pacientes estudiados, analizan la presencia o no de 70 mutaciones en diversos genes y encuentran que un 45% de aquellos con tres o más mutaciones detectadas respondieron bien a la inmunoterapia, mientras que solo un 15% de los que mostraron menos mutaciones lo hicieron.

Son resultados muy prometedores, que tal vez permitirán en el futuro un mejor manejo personalizado de los pacientes de cáncer y de las terapias que se les deben administrar para aumentar la probabilidad de curarles esta triste enfermedad.

Referencia: Yulian Khagi et al. (2017). Hypermutated Circulating Tumor DNA: Correlation with Response to Checkpoint Inhibitor-Based Immunotherapy. Clinical Cancer Research, Oct. 2. http://clincancerres.aacrjournals.org/content/23/19/5729.long

5 de noviembre de 2017

UN CÁNCER PARA CURAR LA DIABETES

Una forma de soslayar esta dificultad sería intentar conseguir la reproducción de las células beta maduras

ES RAZONABLE QUE la investigación biomédica dedique más atención a intentar paliar las enfermedades más prevalentes en el mundo. Como ya hemos dicho en más de una ocasión, una de esas enfermedades es la diabetes, enfermedad que celebra su día mundial el 14 de noviembre. Según los datos disponibles, en 2015, 415 millones de personas sufrían de diabetes, una cifra muy elevada que, además, no deja de incrementarse de modo alarmante.

La diabetes, sea esta de tipo I (producida por la muerte de las células beta del páncreas productoras de insulina) o de tipo II (producida por una resistencia a la hormona insulina), carece de cura. Su tratamiento necesita de inyecciones de insulina o de diversa medicación. De no ser tratada, la enfermedad conduce a serias complicaciones metabólicas, cardiovasculares, renales y oculares, las cuales aparte de disminuir seriamente la calidad de vida, la acortan sustancialmente.

Conseguir una cura para la diabetes necesitaría de la generación de células productoras de insulina, ya que incluso los enfermos de diabetes de tipo II acaban por perder las células del páncreas productoras de esta hormona. Una vez perdidas, estas células no pueden regenerarse de forma natural, ya que no se reproducen. Por ello, la investigación sobre la regeneración de las células beta del páncreas se ha enfocado sobre todo en la manipulación de células madre precursoras para hacerlas madurar a células beta funcionales. Sin embargo, a pesar de importantes avances, esta maduración no se ha podido conseguir de manera artificial y controlada todavía.

Recordemos que las células son de una u otra clase de acuerdo con el conjunto de genes que tienen funcionando y con el conjunto de genes que tienen apagados. Para transformar una célula madre en una neurona, por ejemplo, es necesario que se pongan en marcha los genes que consiguen que la célula se transforme en una neurona y que se apaguen los que podrían poner en dificultades la función de la célula madura, o simplemente son innecesarios.

¿Cómo se ponen en marcha y se apagan los genes adecuados en una célula madre para transformarla en una célula hija concreta, de la piel, del hígado, del páncreas, etc.? Esto se consigue generalmente de dos formas. La primera es poniendo en marcha genes y proteínas que fabrican los llamados factores de transcripción. Son estos factores necesarios para activar el funcionamiento de genes concretos. Dependiendo de qué tipos de factores de transcripción se pongan en marcha, lo cual depende de ciertas señales moleculares externas, una célula madre irá activando genes concretos que la transformarán en una célula hija particular.

La segunda forma es la destinada a apagar ciertos genes, lo que se consigue modificando químicamente bien el ADN, bien las proteínas que se unen a él y mantienen su estructura. Estas modificaciones, llamadas modificaciones epigenéticas, cambian las propiedades químicas de las proteínas o del propio ADN y reprimen que los factores de transcripción interaccionen con él y activen determinados genes que impedirían o afectarían negativamente la transformación correcta de la célula madre en la célula hija adecuada.

Lo anterior implica que, si queremos transformar una célula de una clase en otra célula de una clase distinta, lo único que tenemos que hacer es poner en marcha y apagar los genes adecuados. Esto es fácil de decir, pero es muy complicado de conseguir.

INSULINOMA AL RESCATE

Una forma de soslayar esta dificultad sería intentar conseguir la reproducción de las células beta maduras, en lugar de intentar generarlas a partir de células madre. Para intentar averiguar qué genes podrían estar implicados en la imposibilidad de las células beta maduras de reproducirse, a un nutrido grupo de investigadores del centro del cáncer Monte Sinaí, en Nueva York, se les ocurrió la interesante idea de estudiar los genes que se encuentran activados en un raro tipo de tumor benigno: el insulinoma.

El insulinoma es un tumor que se manifiesta por una elevada producción de insulina, lo que causa hipoglicemia y los problemas asociados a ella, como desvanecimientos y mareos. El tumor no crece más allá de unos dos centímetros y no produce metástasis. Su tratamiento se realiza por extirpación quirúrgica. Dada su benignidad, no se ha investigado mucho sobre este tipo de tumor y, en particular, no había datos sobre las particularidades de su ADN en los principales bancos de datos genómicos tumorales.

Los insulinomas, como todos los tumores, poseen la propiedad de la reproducción celular. En este sentido, pueden ser considerados como un conjunto de células beta que se reproducen. Ya hemos dicho que las células beta normales carecen de esta propiedad, pero tal vez modificando el funcionamiento de los genes adecuados podríamos conseguir que se reprodujeran sin que por ello se convirtieran en células tumorales.

Para avanzar en esta dirección, los investigadores secuencian todos los genes que se encuentran activados en 26 insulinomas y buscan las mutaciones que han podido modificar su actividad de manera que afecten a la capacidad reproductora celular de un modo benigno. Este tipo de análisis requiere de la comparación de una extensa cantidad de datos de secuencia de ADN y de la capacidad de distinguir entre diferencias normales en los genomas de diferentes sujetos y las mutaciones que puedan ejercer el efecto buscado.

Realizando este cuidadoso análisis, los investigadores descubren que las mutaciones que conducen a la capacidad de reproducción de los insulinomas afectan a un sistema particular de control de la reproducción celular, gobernado por el gen *MEN1* y otros genes que interaccionan con el. Este gen produce la proteína menina, que se cree actúa como una proteína reguladora de las modificaciones químicas del ADN. La identificación de estos genes y de las proteínas que producen podría posibilitar ahora el desarrollo de nuevos fármacos que estimularan la reproducción de las células beta maduras del páncreas de manera controlada, lo que sin duda ayudaría a paliar la epidemia creciente de diabetes que estamos sufriendo.

Referencia: Huan Wang et al. (2017). Insights into beta cell regeneration for diabetes via integration of molecular landscapes in human insulinomas. NATURE COMMUNICATIONS | 8: 767. https://www.nature.com/articles/s41467-017-00992-9

12 de noviembre de 2017

CIENCIA DEL LENGUAJE INFANTIL

El tono de voz puede transmitir tanta información o incluso más que las propias palabras

QUIZÁ ALGUNA VEZ nos hayamos preguntado por qué madres y también padres de bebés de corta edad hablan a sus hijos con ese tono de voz que parece propio de una obra cómica de teatro. Quizá supongamos que la felicidad de ver sano y feliz a su bebé se transfiere a su manera de hablar. Es una hipótesis. Sin embargo, por muy felices que estén, esta manera de hablar a los niños se produce solo cuando padres o madres se dirigen a sus bebés, no a sus amigos o a sus familiares. Sería, en efecto, cómico que nos dirigiéramos de esa forma a todo el mundo durante los meses o incluso los primeros años posteriores al nacimiento de nuestros hijos.

La voz es el medio más directo del que disponemos para comunicar con la (supuesta) mente del otro. El tono de voz puede transmitir tanta información o incluso más que las propias palabras. Esto es particularmente cierto cuando el interlocutor no entiende lo que decimos, como es el caso de niños muy pequeños. Algunos estudios han revelado que el habla dirigida a los niños utiliza un tono particular y frases cortas que suelen repetirse.

Curiosamente, nadie parece enseñar a madres y padres que deben hablar así a sus hijos pequeños. Es una forma de hablar que parece surgir de manera espontánea. Por ello, algunos mantienen que debe tener un origen evolutivo y debe ser importante para comunicarse con los niños pequeños de manera que estos puedan dirigir su atención hacia las señales más relevantes que sus padres desean transmitirles, de modo que puedan comenzar a comprender el lenguaje.

De ser esta idea cierta, todas las madres, sin importar el idioma que hablen, deberían mostrar una manera de hablar con características comunes cuando se dirigen a sus hijos pequeños. Investigadores del Instituto de Neurociencias y la Universidad de Princeton, en New Jersey, EE.UU., deciden estudiar este tema utilizando ahora la tecnología de la inteligencia artificial para analizar las características del lenguaje empleado cuando las madres de niños de corta edad se dirigen a ellos o, al contrario, se dirigen a un adulto.

TOCANDO EL TIMBRE

Los investigadores inician sus estudios suponiendo que, si su hipótesis es cierta, el análisis de las características sonoras del lenguaje natural empleado cuando una madre se dirige a su hijo pequeño o a un adulto revelará claras diferencias. Además, la variación de estas características sonoras, si son importantes para comunicarse con sus hijos, se producirá en todas las madres y en todos los idiomas, puesto que no se trata de una comunicación mediante el significado de las palabras, sino de una manera de comunicarse con la voz.

Los investigadores realizan grabaciones a veinticuatro mujeres cuando hablan a sus hijos, o cuando participan en una conversación con otro adulto. Doce de estas mujeres eran angloparlantes; otras doce hablaban otros idiomas, entre ellos español, ruso, polaco, húngaro, alemán, francés, hebreo, mandarino y cantonés.

De estas grabaciones, los investigadores extraen veinte fragmentos de cada una y realizan un análisis estadístico de las cualidades sonoras del timbre de voz. Este análisis proporciona una especie de huella dactilar de las características sonoras de la voz empleada. Recordemos que el timbre es la cualidad del sonido que permite, por ejemplo, distinguir un instrumento musical de otro, aunque estén tocando exactamente la misma nota o melodía y a la misma intensidad sonora. El timbre también permite distinguir la voz de una persona de la de otra incluso cuando nos hablan en el mismo tono y en el mismo volumen o intensidad. El timbre es la cualidad que proporciona mayor riqueza a la percepción sonora. Algunos músicos experimentados pueden incluso distinguir un piano de otro basándose en las sutiles diferencias de sus timbres.

Utilizando un sistema de inteligencia artificial, los investigadores estudiaron si este era capaz de aprender a clasificar los fragmentos sonoros de acuerdo con si estos pertenecían a momentos en los que las madres hablaban a sus hijos, o en los que hablaban a un adulto. En una primera fase, dejaron que el sistema aprendiera a clasificar los sonidos de las madres que hablaban inglés. En efecto, el ordenador inteligente clasificó con bastante precisión los fragmentos sonoros de acuerdo con la situación en la que se habían emitido.

La cuestión interesante era, sin embargo, si ahora que el sistema había aprendido a distinguir los fragmentos sonoros en inglés, dirigidos a niños o a adultos, si este sería capaz de clasificar inmediatamente, sin más aprendizaje, un fragmento sonoro emitido en otro idioma como perteneciente a una madre dirigiéndose a su hijo o dirigiéndose a un adulto. Pues bien, en efecto, esto fue lo que sucedió. El sistema pudo clasificar los fragmentos sonoros sin problemas independientemente del idioma empleado.

Para acabar de cerrar el asunto, los investigadores hicieron el análisis a la inversa. Primero dejaron que el sistema aprendiera a clasificar los fragmentos sonoros de las madres no angloparlantes y, a continuación, comprobaron si era capaz o no de clasificar correctamente los fragmentos emitidos en inglés. Igualmente, esto fue lo que sucedió.

No cabe duda: las madres del mundo se dirigen a sus hijos pequeños variando sistemáticamente su timbre de voz. La investigación se dirigirá ahora a intentar comprender por qué y en qué medida esta variación de las características sonoras de la voz es importante, tal vez incluso fundamental, para aprender correctamente el lenguaje materno. Por supuesto, dado que la investigación se ha realizado solo con madres, queda por estudiar si los padres se dirigen a sus hijos de idéntica forma que ellas o si existen sutiles diferencias en su variación sonora propias de ellos que también pueden ser importantes. Gracias a la ciencia nunca dejamos de fascinarnos con nosotros mismos.

Referencia: Piazza et al., Mothers Consistently Alter Their Unique Vocal Fingerprints When Communicating with Infants, Current Biology (2017), https://doi.org/10.1016/j.cub.2017.08.074

19 de noviembre de 2017

METAORGANISMOS SILVESTRES Y DE LABORATORIO

Todos los animales deben considerarse como un conjunto de organismos, al que se ha llamado metaorganismo

UNO DE LOS misterios de la ciencia es por qué, en tan numerosas ocasiones, los resultados experimentales obtenidos con ratones de laboratorio no son pertinentes para el caso humano. Por ejemplo, se ha podido curar el cáncer muchas veces en ratones de laboratorio, pero el mismo tratamiento rara vez cura el cáncer en humanos. Sin embargo, los impresionantes avances realizados en las ciencias biomédicas hubieran sido imposibles sin los experimentos realizados con ratones de laboratorio.

La ciencia ha descubierto la importancia de la microbiota intestinal gracias a la investigación efectuada con ratones de laboratorio. Estudios recientes han establecido que las especies bacterianas que moran en la superficie del intestino son extremadamente importantes en numerosos aspectos de la salud, que incluyen un sistema inmunológico sano y también un sistema nervioso saludable, más resistente a enfermedades como la depresión. La investigación ha establecido que los organismos animales no están completos sin su microbiota. De hecho, todos los animales deben considerarse como un conjunto de organismos, al que se ha llamado metaorganismo.

Probablemente conocemos la existencia de la metafísica, una disciplina filosófica que aborda cuestiones más allá de la física. De la misma manera, los metaorganismos son entidades más allá de los organismos. Un metaorganismo está compuesto por sus células eucariotas (células con un núcleo donde reside el ADN almacenado en los cromosomas) y también por sus células procariotas (células que carecen de núcleo), las cuales viven en las superficies epiteliales, en particular la piel, el intestino, y las vías respiratorias. Durante la evolución de los animales, ambos tipos de células han evolucionado de manera conjunta, han establecido una simbiosis y, en la actualidad, ninguno de ellos puede vivir bien sin el otro.

Estos descubrimientos contrastan con las condiciones en que los ratones de laboratorio son alojados para ser utilizados en experimentos científicos. Por lo general, estos animales se mantienen en condiciones muy controladas de humedad, temperatura y ciclos de luz, y disponen de agua potable limpia y de una dieta específica. Este férreo control se extiende también a los microorganismos de su entorno. Es habitual no permitir la entrada en ningún animalario a ningún animal procedente de otra instalación. Los ratones necesitan primero ser criados en condiciones estériles, es decir, en completa ausencia de bacterias, antes de conseguir el permiso de ser albergados en una nueva instalación. Estas condiciones de vida están muy alejadas de las de la Naturaleza, en la que los animales viven junto con una enorme variedad de microorganismos.

UN CONTROL EQUIVOCADO

Teniendo en cuenta que la microbiota es un factor importante en la fisiología animal, incluida la humana, y que la composición bacteriana de la misma podría afectar seriamente a los resultados de los experimentos con ratones de laboratorio, un grupo de investigadores decidió comparar la microbiota de ratones de laboratorio con la de ratones silvestres para evaluar en qué extensión las condiciones en las que los ratones de laboratorio se ven obligados a vivir afectan a su microbiota.

Primero, los investigadores estudiaron las características genéticas de veintiuna poblaciones distintas de ratones del mundo para identificar la más relacionada con los ratones de laboratorio. Descubrieron que los ratones silvestres del estado de Maryland, en los EE.UU., son los más relacionados con los ratones de laboratorio empleados en el planeta. Esto no debería sorprender a nadie, ya que los Institutos Nacionales de la Salud, una institución de referencia mundial para la investigación biomédica desde hace más de un siglo, se encuentran en Maryland.

A continuación, los investigadores organizaron una partida de caza de ratones silvestres. Capturaron alrededor de 800 de ellos en varios lugares de Maryland y en los alrededores de Washington DC. Probablemente, esta fue la fase más divertida y emocionante de su proyecto de investigación. Tras su captura, analizaron la microbiota de estos animales y la compararon con la microbiota de una raza de ratón de laboratorio ampliamente utilizada. Como esperaban, encontraron diferencias significativas entre ellas.

Para estudiar si estas diferencias podrían afectar a los resultados experimentales obtenidos con los animales, los experimentadores llevaron a cabo un trasplante de microbiota de ratones silvestres a ratones hembra de laboratorio preñadas que habían sido criadas en condiciones estériles y, por lo tanto, carecían de microbiota. Cuando nacieron los ratoncitos, estos fueron así expuestos a la microbiota silvestre que había sido trasplantada a sus madres. Cuatro generaciones más tarde, estos animales aún mantenían la microbiota de tipo silvestre.

Los científicos analizaron entonces la respuesta de estos animales a diferentes tratamientos que implicaban un serio riesgo para su salud. Los resultados fueron sorprendentes. Por ejemplo, el noventa y dos por ciento de los animales con microbiota silvestre sobrevivió a una alta dosis de virus de la gripe, mientras que solo el diecisiete por ciento de los animales de laboratorio sobrevivió a la misma dosis. En otro conjunto adicional de experimentos, los ratones de laboratorio que habían recibido el trasplante de la microbiota silvestre resistieron mucho mejor a la progresión del cáncer colorrectal. Estos resultados positivos se relacionaron con un estado de inflamación reducido en ambos casos.

Estos estudios indican, en primer lugar, que una microbiota saludable es realmente importante para ayudar a mantener una buena salud. En segundo lugar, que las condiciones en las que se alojan los animales de laboratorio deben revisarse seriamente si deseamos que los resultados de los experimentos biomédicos que utilizan estos animales sean más significativos para la situación humana. Después de todo, la mayoría de los humanos, ciertamente, aún somos algo "silvestres".

Referencias: Rosshart et al., Wild Mouse Gut Microbiota Promotes Host Fitness and Improves Disease Resistance, Cell (2017), https://doi.org/10.1016/j.cell.2017.09.016

26 de noviembre de 2017

CERDOS TRANSGÉNICOS RESISTENTES AL FRÍO

Cuando nacen los lechones, las instalaciones deben calentarse, ya que, de lo contrario, debido al frío, la mortalidad después del nacimiento es alta

LA EVOLUCIÓN NATURAL está llena de sorpresas. A medida que las especies se adaptan a diferentes ambientes, sus genomas cambian. Muchos genes son adquiridos por mecanismos de duplicación génica y mutaciones posteriores, lo que permite la aparición de nuevas versiones de genes que pueden adquirir nuevas funciones. Sin embargo, algunos genes también se pierden. Estos son genes que ya no son útiles en las nuevas condiciones a las que se ha adaptado una especie dada.

Un gen que se ha perdido en reptiles, aves, y algunas clases de mamíferos es el gen que produce la proteína desacoplante 1, UCP1 (así llamada por su nombre en inglés: *uncoupling protein 1*). La proteína desacoplante 1 sirve para desacoplar un proceso metabólico de enorme importancia: la generación de energía química útil a partir de la oxidación de los alimentos. Esta energía química toma la forma de la molécula de trifosfato de adenosina, más conocida como ATP.

La oxidación de los alimentos es un proceso que ocurre en las mitocondrias del interior de las células. Puesto que todas las reacciones químicas de oxidación son, en realidad, una transferencia de electrones entre una molécula que los pierde, y de este modo se oxida, y otra molécula que los recibe, y de este modo se reduce, en el caso de las mitocondrias esta oxidación termina en una acumulación de iones de hidrógeno en la membrana interna de estos orgánulos. Los iones de hidrógeno son átomos de hidrógeno oxidados, ya que han perdido el único electrón que poseían.

Esta acumulación de iones de hidrógeno en una parte de la membrana mitocondrial genera una presión que los fuerza a pasar al otro lado de dicha membrana. Este paso está acoplado a un mecanismo que podría compararse a una especie de molinillo molecular. El molinillo captura la energía del flujo de iones de hidrógeno que cruza la membrana mitocondrial y produce moléculas de ATP.

Y bien, la proteína UCP1 desacopla este mecanismo y funciona como una especie de compuerta en esta membrana, la cual permite la salida de iones de hidrógeno sin pasar por el molinillo y, por lo tanto, sin producir energía química en forma de ATP. La energía, por el contrario, se disipa así en forma de calor.

La función de la proteína UCP1 es de particular importancia tras el nacimiento, para combatir el frío en los recién nacidos. Incluso existe un tejido especializado para la generación de calor gracias a la actividad de la UCP1: el tejido adiposo marrón. Las células de este tejido cuentan con abundantes mitocondrias que poseen una elevada cantidad de UCP1, al mismo tiempo que capturan lípidos que literalmente se quemarán para la generación de calor. El papel del gen UCP1 y de la proteína que produce es, por lo tanto, menos importante en especies que no viven en lugares fríos. En estos lugares, incluso resulta una ventaja perder el gen UCP1, ya que este siempre conduce a una pérdida de eficiencia en la generación de energía química a partir de los alimentos.

REINSTALACIÓN GÉNICA

La pérdida del gen UCP1 sucedió en los antepasados de los cerdos hace unos veinte millones de años, cuando vivían en regiones tropicales y subtropicales. Desde entonces, los cerdos carecen de UCP1. La ausencia del gen UCP1 plantea problemas importantes para la industria de la cría de cerdos, ya que esta es una de las raras especies de mamíferos que carecen de tejido adiposo marrón y, por lo tanto, no pueden generar calor quemando grasa. Cuando nacen los lechones, las instalaciones deben calentarse, ya que, de lo contrario, debido al frio, la mortalidad después del nacimiento es alta. Esto aumenta el uso de energía en la cría de este animal, lo que tiene importantes implicaciones económicas y ambientales. Alrededor del 35% de la energía necesaria para la cría de cerdos se utiliza en la generación de calor.

Por otra parte, la carencia del gen UCP1 hace que los cerdos sean muy proclives a almacenar grasa; de hecho, poseen una gran cantidad de tejido adiposo blanco, que se utiliza para esto. Esta característica afecta a la producción de carne, así como a la calidad nutricional de la misma. Los programas para mejorar la cría de cerdos han perseguido el objetivo de generar cerdos menos obesos, los cuales producirían carne de mejor calidad.

Sin embargo, este objetivo no se ha conseguido por los métodos de crianza tradicionales.

Por este motivo, un grupo de investigadores chinos decidió volver a instalar el gen *UCP1* en el genoma del cerdo. Recordemos que China es el país con mayor número de cerdos en el mundo, aunque todavía debe importar carne de cerdo para cubrir sus necesidades. Los investigadores, utilizaron la nueva tecnología CRISPR/Cas9, que permite una modificación del genoma de las especies animales mucho más avanzada y precisa que las empleadas hasta ahora.

Los científicos crearon una versión artificial del gen *UCP1* y la integraron con éxito en el genoma del cerdo. El gen fue diseñado de modo que funcionara solo en el tejido adiposo blanco, y no en otras células o tejidos. De este modo consiguieron el nacimiento de cerdos genéticamente modificados y confirmaron que estos animales gozaban de una termorregulación muy mejorada. Más sorprendentemente, estos animales han visto disminuir la cantidad de grasa almacenada en el tejido adiposo blanco, sin que por ello se hayan tenido que alterar ni la cantidad de actividad física ni la cantidad de calorías en su dieta.

A pesar de la oposición de muchos a los organismos genéticamente modificados para el consumo humano, este trabajo indica que estos organismos pueden ser beneficiosos bajo ciertas condiciones. También nos habla de un futuro, tal vez todavía distante, pero casi seguro, donde el ser humano habrá diseñado completamente su mundo, el inanimado y el vivo.

Referencia: Qiantao Zhenga et al. Reconstitution of UCP1 using CRISPR/Cas9 in the white adipose tissue of pigs decreases fat deposition and improves thermogenic capacity. www.pnas.org/cgi/doi/10.1073/pnas.1707853114

3 de diciembre de 2017

LA PRIMERA FLOR

¿Cuál es el origen de las flores? ¿Cuándo aparecen y por qué durante la evolución de las plantas?

¿QUÉ SERÍA DE la Humanidad sin las flores? Las flores poseen una indudable importancia social. Se emplean tanto para despedir o recordar a los difuntos como para mostrar nuestro amor a las personas que también deseamos que nos amen, y para adornar nuestros jardines y estancias. El empleo de las flores en rituales mortuorios se estima que data de los albores de la civilización. Tal vez la muerte y renacimiento de las flores en ciclos anuales las enlaza de manera indisoluble a nuestra idea de la vida y de la muerte.

Sin embargo, la ciencia ha descubierto que las flores son, en realidad, los órganos sexuales de las plantas. De este modo, cuando regalamos flores a alguien le estamos regalando un conjunto de órganos sexuales arrancados de un ser vivo. La ciencia no siempre mata a la poesía, pero en este caso bien podemos llevar un ramo de flores a su tumba.

Los estudios científicos, sin embargo, nos aportan revelaciones que, si no son siempre poéticas, si suelen ser asombrosas. En el fondo, esto se consigue solo con hacerse preguntas adecuadas e intentar responderlas. Una de estas preguntas es: ¿Cuál es el origen de las flores? ¿Cuándo aparecen y por qué durante la evolución de las plantas? Esta cuestión fue calificada por Charles Darwin como un misterio abominable, porque las flores aparecen de manera bastante brusca en el registro fósil, lo que complica la comprensión de las etapas evolutivas que llevaron a su aparición.

Las flores son solo propias de las plantas terrestres. Las plantas marinas, de las que las terrestres derivaron hace unos 450 millones de años, carecen de flores. Por ello, durante cientos de millones de años tras la colonización de la tierra firme por las plantas, estas se reprodujeron gracias a una adaptación de la manera en que se reproducían en el océano: mediante esporas. Desgraciadamente, estas eran muy sensibles a los cambios en las condiciones externas de temperatura y humedad que suceden en la tierra firme. Pronto, las plantas desarrollaron métodos de protección de sus esporas, lo cual derivó en la generación de semillas bien antes de la generación de flores. La reproducción mediante semillas sin flores se produce aún hoy en plantas clasificadas en el grupo de las gimnospermas, a las que, entre otras, pertenecen las coníferas. Las gimnospermas utilizan el viento como modo de dispersión de esporas o semillas, lo cual es un modo que limita y hace muy lenta esta dispersión en lugares donde el viento es escaso.

A pesar de esta desventaja, las flores tardaron en aparecer. El fósil más antiguo de una planta con flores (que se clasifican en el grupo llamado angiospermas) se descubrió en 2015 en España, y data de hace unos 130 millones de años. Sin embargo, con casi toda seguridad, este fósil no pertenece a la primera planta con flores que existió sobre el planeta, ya que se estima que las primeras plantas con flores aparecieron al menos diez millones de años antes.

Un florido análisis

¿Cómo podemos averiguar cómo era la primera flor? Los científicos han abordado este problema de varias formas. La primera ha sido buscar y buscar más y más fósiles para intentar encontrar flores cada vez más primitivas. La segunda, realizar análisis genéticos comparativos entre las diferentes plantas con flores que existen en la actualidad para intentar averiguar cuáles pueden ser los genes ancestrales que dieron origen a la primera flor e intentar derivar de ellos cuál podría ser su aspecto y color. La tercera, realizar un análisis de las características de las flores actuales para relacionarlas entre sí y poder así ir deduciendo cuáles deberían ser las características de la primera flor.

A pesar de todos los esfuerzos, no se había podido determinar aún con cierta seguridad cómo podía haber sido esa primera flor. Entre otras cosas, no se había podido determinar un aspecto fundamental de la biología de las flores: ¿Era esta primera flor unisexual o bisexual? En otras palabras: ¿Era la primera planta un hermafrodita o no?

Para intentar responder a esta y a otras cuestiones, ahora un grupo internacional de 36 científicos analiza mediante las últimas tecnologías un conjunto masivo de datos sobre las características de las flores actuales. Este conjunto de datos se ha generado con 792 especies de 63 órdenes y 372 familias de plantas angiospermas. Esto supone el 98% de los órdenes y el 86% de las familias de plantas angiospermas existentes. En sus análisis, los científicos son capaces de deducir las propiedades primitivas de 27 características presentes en las flores (color, tamaño, número de pétalos, etc.) y de reconstruir con ellas la flor ancestral. ¿A qué se parece?

Obviamente, la primera flor no es igual a ninguna de las que existen en la actualidad, pero se puede decir que la flor actual más parecida a ella es la Magnolia. De acuerdo con los resultados del análisis, la primera flor tendría múltiples pétalos organizados en anillos concéntricos. En el centro se encontrarían los órganos sexuales productores de polen y de óvulos: la primera flor era hermafrodita.

No obstante, estos estudios no pueden responder aún a todas las preguntas. ¿Cuál era el olor de esta flor? Tal vez nunca lo sabremos, pero esta es también una cuestión importante para comprender la evolución de las flores, ya que estas aparecen como una estrategia para utilizar a los insectos en la polinización y dejar así de depender del viento para esparcir el polen. No obstante, es posible que, un día no muy lejano, nuevos estudios con innovadoras tecnologías nos acerquen al que pudo ser el olor de la primera flor.

Referencia: Hervé Sauquet et al. (2017). The ancestral flower of angiosperms and its early diversification. NATURE COMMUNICATIONS | 8:16047 | DOI: 10.1038/ncomms16047 https://www.nature.com/articles/ncomms16047

10 de diciembre de 2017

GENÓMICA SOCIAL Y LENGUAJE

La actividad de los genes puede verse afectada por los entornos físicos y sociales en que habitan los humanos

SOSPECHO QUE MUCHAS personas educadas creen probablemente que el mundo social se encuentra en un ámbito completamente separado del mundo celular y genético. Es comprensible, ya que, durante nuestra educación disciplinas como la historia y la política se han presentado como totalmente diferentes de la biología celular, la bioquímica y la genética.

Sin embargo, como de costumbre, la ciencia aparece para revelar extrañas conexiones donde todos pensaban que era imposible. El descubrimiento de que la actividad de los genes puede verse afectada por los entornos físicos y sociales en que habitamos los humanos ha conducido al nacimiento de una nueva disciplina científica: la genómica social.

La genómica social es muy joven; comenzó hace unos veinte años y, de hecho, ha experimentado avances sustanciales solo recientemente. La genómica social estudia por qué y cómo los diferentes factores sociales y psicológicos (por ejemplo, estrés, conflictos, apego, etc.) afectan la actividad del genoma.

Por el momento, los estudios se han centrado sobre los cambios en la actividad de los genes en las células que pueden estudiarse más fácilmente: las células inmunes presentes en la sangre. Sorprendentemente, estas células han mostrado cambios consistentes en la actividad de los genes en respuesta a una diversidad de circunstancias adversas de la vida, como un bajo nivel socioeconómico, aislamiento social o el diagnóstico de una enfermedad potencialmente mortal. Esta respuesta se ha denominado respuesta transcripcional conservada a la adversidad (CTRA, por sus siglas en inglés), y se caracteriza por un funcionamiento marcadamente aumentado de genes proinflamatorios y por un funcionamiento reducido de genes implicados en respuestas antivirales y síntesis de anticuerpos.

La investigación también ha demostrado que todos estos efectos están mediados por ciertos neurotransmisores liberados por el sistema nervioso central simpático, los cuales no solo actúan sobre las neuronas, sino también sobre otras células, y afectan al funcionamiento de una variedad de genes. Esto no es sorprendente, ya que es el sistema nervioso el que evalúa la información que nos llega del entorno y toma las decisiones, conscientes o inconscientes, para adaptarse a ella.

Dados estos datos, se esperaría que las personas que manifiesten verbalmente sufrir una situación adversa mostraran un patrón de funcionamiento génico propio de la respuesta CTRA. Sin embargo, se ha comprobado que la importancia de una adversidad medida objetivamente se correlaciona más fuertemente con los cambios en el funcionamiento génico que la percepción subjetiva de esa adversidad. En otras palabras, cómo digas que te sientes sobre alguna adversidad es menos importante que lo que realmente esta adversidad supone. Esta disonancia era un misterio que debía ser resuelto.

NO ME DIGAS

Investigadores de varias universidades de EE.UU. inician el estudio de este misterio con una interesante hipótesis basada en el hecho de que el sistema nervioso central posee dos subsistemas para evaluar situaciones adversas. El primero es consciente y depende del funcionamiento del neocórtex. Este es el que se utiliza para verbalizar nuestros sentimientos. El otro subsistema es menos racional, más automático, y es inconsciente. Por lo tanto, si este sistema subconsciente es más sensible a las condiciones adversas que el sistema consciente, una evaluación consciente y verbal de la importancia de una condición adversa no se correlacionaría bien con la adversidad real de la situación, evaluada inconscientemente, y con sus efectos sobre la actividad génica.

Por estas razones, los investigadores decidieron estudiar el uso inconsciente del lenguaje. Es conocido que los patrones de uso del lenguaje natural cambian sistemáticamente bajo condiciones adversas que incluyen el engaño social, el bajo estatus social y la crisis personal. Estos cambios se traducen en variaciones en el tiempo de emisión del lenguaje y en cambios en la frecuencia de uso de varias clases de palabras, como pronombres y adverbios. Los investigadores sospechaban que, más que el significado explícito de las palabras, los cambios inconscientes en el uso del lenguaje se correlacionarían mejor con los cambios en el funcionamiento génico observados en circunstancias adversas.

Los investigadores evaluaron el uso del lenguaje natural en 22.627 muestras de audio grabadas de 143 voluntarios sanos durante dos días. Cada muestra duraba de 30 a 50 segundos. Se estudiaron un promedio de 158 muestras de audio por persona. Cada muestra de audio se transcribió a texto escrito y se sometió a un análisis computarizado mediante el sistema *Linguistic Inquiry and Word Count System* (LIWC), un programa de análisis informático que extrae múltiples elementos del uso del lenguaje, como la prevalencia de ocho categorías generales de palabras funcionales (adverbios, artículos, conjunciones, etc.,) y cinco subcategorías de pronombres personales.

Los investigadores analizaron también la actividad de 50 genes relacionados con la respuesta CTRA en células sanguíneas aisladas de los participantes. Los patrones de actividad génica se intentaron relacionar con el estado psicológico que los participantes manifestaban conscientemente (ansiedad, depresión, estrés) y con las características del uso del lenguaje analizadas por el programa LIWC. Como se sospechaba, las características del uso del lenguaje, y no la evaluación consciente de las circunstancias adversas de la vida, correlacionaron mucho mejor con el patrón de actividad de los genes CTRA.

Estos datos son interesantes por varias razones. En primer lugar, hacen posible una evaluación del efecto de las situaciones adversas de la vida mediante un análisis computarizado del uso del lenguaje que, sin duda, es mucho más simple que el análisis de la actividad de los genes. En segundo lugar, revelan nuevamente cuán poderosa es nuestra mente, una mente que no solo afecta inconscientemente a la forma en que hablamos, sino también a la actividad de múltiples genes.

Referencias: (1) Matthias R. Mehl et ala. (2017). Natural language indicators of differential gene regulation in the human immune system www.pnas.org/cgi/doi/10.1073/pnas.1707373114; (2) LIWC: http://www.liwc.net/liwcespanol/

17 de diciembre de 2017

EL ESTRÉS Y LOS ERRORES DE LA VIDA

*Si el estrés se convierte en crónico, puede afectar de manera muy negativa
al proceso neuronal y cognitivo de la toma de decisiones*

ES INNEGABLE QUE lo que conseguimos en este mundo depende en gran medida de nuestras propias decisiones. Buenas o malas, nuestras decisiones ejercen una clara influencia en el curso de nuestras vidas.

Si lo anterior es cierto, podemos concluir que la capacidad de cualquier persona para evaluar cada situación y tomar la mejor decisión es fundamental para tener éxito en nuestros propósitos. Las personas inteligentes son consideradas como tales en gran medida porque suelen tomar decisiones correctas, y probablemente es por esta razón por la que la inteligencia es la capacidad humana con mayor influencia sobre el desarrollo de la vida, como la investigación científica ha demostrado.

La inteligencia posee un fuerte componente genético y, por lo tanto, desde este punto de vista, nuestro éxito o fracaso en la vida dependen de la lotería génica a la que jugaron nuestros padres durante su reproducción, la cual posibilitó nuestro nacimiento. Sin embargo, la inteligencia por sí sola no genera éxito y felicidad. El entorno en el que nuestras vidas se desarrollan también ejerce una influencia decisiva para que podamos tomar las decisiones correctas en todo momento. Uno de los factores ambientales que pueden dañar al proceso de toma de decisiones vitales es el estrés.

Vivimos en la era del estrés, del hiperestrés, incluso. Bien o mal, todo el mundo trata de controlar el estrés de la mejor manera posible, pero si el estrés se vuelve crónico, si no tenemos el más mínimo respiro, puede acabar afectando muy negativamente al proceso neuronal y cognitivo de la toma de decisiones. Numerosas investigaciones han demostrado que las decisiones temerarias y las conductas de alto riesgo son mucho más comunes entre las personas que padecen estrés crónico. Por otra parte, si el estrés influye en la toma de decisiones, debe afectar al funcionamiento de los circuitos neuronales que participan en este proceso cognitivo.

Los neurocientíficos han identificado estos circuitos hace algunos años. Involucran a regiones de la corteza cerebral que se conectan con la región del cerebro llamada cuerpo estriado, un área cerebral interna de la que muchos estudios han demostrado que está implicada en la evaluación de los costes, los esfuerzos y las recompensas. Se ha descubierto un mal funcionamiento de estas regiones cerebrales en el caso de enfermedades mentales como la ansiedad y la depresión. Además, en ratas de laboratorio, la manipulación por medios genéticos ha demostrado claramente que, si impedimos la operación normal de esto circuitos, los animales toman muy malas decisiones cuando tienen que hacer una elección. Sin embargo, nunca se había estudiado si el funcionamiento normal de este circuito neuronal estaba afectado o no por el estrés. Ahora, un grupo de investigadores del Instituto de Tecnología de Massachusetts ha decidido finalmente estudiar este tema. Ha sido una buena decisión, en mi opinión.

ENTRENAMIENTO COSTE-BENEFICIO

Para estudiar el efecto del estrés en la toma de decisiones, los investigadores enfrentan a ratas y a ratones de laboratorio a elecciones que requieren una decisión de tipo coste-beneficio, una decisión tipo coste-coste o una decisión tipo beneficio-beneficio. En los últimos dos casos, los costes o beneficios son diferentes y, para tomar la decisión correcta, los animales deben elegir el mayor beneficio o el menor coste.

El método para hacer tomar decisiones a los animales fue simple. Estos eran colocados en el extremo inferior de un camino en forma de letra T. El animal avanzaba hasta la bifurcación de la T, donde podía ver u oler la recompensa o el coste colocados en los extremos de los brazos de la T, a derecha e izquierda, y debía decidir dónde se dirigía. La recompensa podría ser un alimento inusual y muy apreciado, como un trozo de chocolate, mientras que el coste podría suponer ausencia de comida o una experiencia desagradable, como la exposición a una luz muy intensa, que molesta mucho a estos roedores. En el caso de decisiones que involucran dos costes o dos beneficios, estos fueron de diferentes tamaños (por ejemplo, más o menos chocolate en cada brazo de la T) o intensidad (por ejemplo, luz más o menos intensa en cada brazo de la T). Los animales fueron colocados repetidamente en este camino en forma de T hasta que aprendieron el proceso.

Una vez entrenados de este modo, los investigadores sometieron a los animales a estrés crónico durante dos semanas. El estrés fue administrado en dos formas diferentes. En la primera, los animales fueron colocados en un pequeño receptáculo donde apenas podían moverse. En la segunda, la cola del animal se insertó en un orificio y se conectó a un dispositivo que, tras emitir un sonido que daba la alarma, producía una desagradable e inevitable descarga eléctrica.

Tras la administración de estrés crónico, los animales fueron nuevamente evaluados sobre su capacidad para tomar buenas decisiones. Los investigadores comprobaron que, en este caso, los animales se comportaban de forma muy similar a los animales a los que se había bloqueado genéticamente la conexión córtex-cuerpo estriado, es decir, el efecto del estrés crónico supone la eliminación en la práctica de la capacidad de tomar buenas decisiones. En efecto, los investigadores determinan la actividad de esta conexión en animales que han sufrido estrés crónico y confirman que opera de una manera muy disminuida en comparación con los animales no estresados.

En conclusión, si algo similar sucede a los seres humanos, entonces el estrés continuo se revela como una de las principales fuerzas que moldean nuestras vidas para mal, y un factor que nos impide tomar las mejores decisiones posibles. Resulta importante, por tanto, disminuir el estrés continuado en la medida de lo posible, no solo para nuestra salud, sino también para el bienestar de quienes dependen, en mayor o menor medida, de nuestras propias decisiones.

Referencia: Friedman et al., Chronic Stress Alters Striosome-Circuit Dynamics, Leading to Aberrant Decision-Making, Cell (2017), https://doi.org/10.1016/j.cell.2017.10.017

24 de diciembre de 2017

LA CIENCIA DE LA ANTICIENCIA

Cuando los hechos contradicen nuestras ideas, se activan las áreas cerebrales relacionadas con el miedo

SI UNA DE las marcas de nuestro tiempo es el rápido avance de la ciencia, no es menos cierto que este avance viene acompañado de un fuerte movimiento anticiencia. Dentro de este movimiento se aglutinan personas con diversos intereses o creencias a quienes no parecen gustarles algunas de las ideas o hechos revelados como ciertos por la ciencia. En este grupo de personas encontramos a quienes reniegan de la teoría de la evolución, del calentamiento global, de las vacunas, o abrazan extrañas terapias pseudocientíficas o procedimientos que la ciencia ha demostrado carecen de principio válido, como la homeopatía.

¿Por qué tantas personas reniegan de los hechos científicos, de la racionalidad, de la lógica? Este hecho ha sido también estudiado por la ciencia en busca de explicación. ¿Qué ha revelado la ciencia sobre la anticiencia?

En primer lugar, uno de los hechos relevantes que parecen claros es que renegar de la ciencia no depende del nivel de inteligencia. Personas no muy inteligentes pueden abrazar los hechos científicos sin problemas, aunque no los comprendan en su totalidad, mientras que personas muy inteligentes se empeñan en rechazar algunos hechos científicos claramente demostrados, como, por ejemplo, los indudables beneficios y seguridad de las vacunas.

Otro de los hechos revelados por la investigación en este tema es que una vez que hemos formado una idea o creencia, nos resulta muy difícil deshacernos de ella, incluso ayudados por montones de evidencia en su contra. Entre los mecanismos psicológicos que protegen a las ideas implantadas en nuestros cerebros se encuentra el sentimiento de pertenencia a un grupo. Cuando nos sentimos miembros de un grupo, digamos los pro-homeópatas, tendemos a creer lo que sea necesario para seguir perteneciendo a ese grupo. Este fenómeno probablemente fue importante para la supervivencia durante nuestra evolución. Sin ser

213

aceptados por un clan o una tribu la vida humana era muy breve hace tan solo unos pocos cientos de años, y sigue siendo más breve de lo normal hoy.

En este sentido, la ciencia también indica que la influencia de líderes carismáticos que defienden ideas anticientíficas es importante para conseguir que mucha gente rechace la ciencia. Pertenecer a un grupo con un líder atractivo y convincente, un líder que claramente define un "nosotros" frente a un "ellos", es algo deseado por mucha gente. Si abandonar una idea supone abandonar un grupo emocionalmente reconfortante, la idea no será fácilmente abandonada por medios racionales.

Por supuesto, las circunstancias y avatares de la vida también ejercen su influencia en que nos empeñemos en no ser racionales y rechacemos las ideas científicas. La investigación también ha demostrado que es más fácil creer en extrañas conspiraciones o ideas si uno se encuentra socialmente aislado o sufre un estrés elevado. La creencia en estas ideas sirve para recrear una identidad rota, o para sentir que se pertenece a un nuevo grupo y disminuir el aislamiento social.

NEUROCIENCIA DE LA ANTICIENCIA

La ciencia también ha estudiado la psicología y la actividad cerebral asociada a las creencias anticientíficas. En primer lugar, nos revela que el llamado sesgo de confirmación es muy poderoso. Este sesgo consiste en prestar más atención a datos o hechos que pueden confirmar nuestras ideas que a datos o hechos que las contradicen. Y es que cuando uno confirma sus ideas, el cerebro funciona como si reforzara su identidad y su ego y, en estas condiciones, libera un pulso del neurotransmisor dopamina que produce una sensación de placer.

Al contrario, cuando los hechos o argumentos contradicen nuestras ideas, se activan las áreas cerebrales relacionadas con el miedo. Así de poderosa es la sensación para mentes no entrenadas en poner en cuestión las ideas recibidas, mentes estas que han debido aprender a superar el miedo. En algunos casos, la entrada en este "modo terror" cierra el cerebro a los datos y los argumentos. La emoción es tan intensa que se deja de escuchar al oponente, se aparta el libro que nos incomoda, o se cambia de canal.

Otro importante factor que impide desprendernos de ideas falsas y seguir abrazándolas como si en ello nos fuera la vida, aunque algunas de esas ideas puedan conducirnos a la muerte, es la evaluación y la percepción del riesgo. El riesgo no es percibido ni evaluado de forma racional, sino emocional. La percepción irracional del riesgo puede hacer que sea imposible que aceptemos vacunar a nuestros hijos o que tomemos fármacos clásicos, en lugar de los homeopáticos.

Finalmente, la ciencia también parece confirmar que la mayoría de las personas tiende a creer lo que es conveniente, y a no creer lo que incomoda. Creer en el cambio climático y verse obligado a cambiar su comportamiento si desea mantener una buena imagen de sí mismo es más dificultoso que negar la existencia de este cambio y seguir normalmente con la vida.

Todos estos datos indican que el cerebro humano normal no está construido para abrazar fácilmente una actitud científica. La ciencia se basa en la falsificación de las hipótesis, por lo que los científicos deben poseer una mente muy abierta y ser capaces de cambiar sus ideas con rapidez. Esto solo se consigue con años de entrenamiento. La ciencia es también compleja, y su comprensión requiere un esfuerzo intelectual que muchos no quieren o no pueden hacer.

La lección de todo esto es que quienes intentamos luchar contra las ideas anticientíficas deberíamos tener en cuenta estos datos para elaborar mejores estrategias de comunicación, que, desgraciadamente, no siempre pasarán por el convencimiento racional puro, sino por un ataque emocional previo a lo que impide razonar con equilibrio. Emoción y razón parecen ser enemigas eternas, pero con el conocimiento adecuado de nuestra parte, podemos tal vez convertirlas en amigas para un mayor bienestar de la Humanidad.

Referencia: Sara E. Gorman and Jack M. Gorman. Denying to the Grave. Why We Ignore the Facts that Will Save Us. Oxford Academic Press. (2016). ISBN: 9780199396603

31 de diciembre de 2017

www.ingramcontent.com/pod-product-compliance
Lightning Source LLC
Chambersburg PA
CBHW071420180526
45170CB00001B/167